Jeden Tag ein bisschen besser

MATHEMATIK

7. Schuljahr

von
Reiner Böttcher
Edmund Wallis

Illustriert von Detlev Schüler

Cornelsen
SCRIPTOR

Die Autoren:
Dr. Reiner Böttcher und Dr. Edmund Wallis sind erfahrene Mathematiklehrer und haben umfassende Praxis in der Lehrerausbildung.

Cornelsen online http://www.cornelsen.de

Gedruckt auf chlorfrei gebleichtem Papier
ohne Dioxinbelastung der Gewässer

Die Deutsche Bibliothek – CIP-Einheitsaufnahme

Jeden Tag ein bisschen besser. – Berlin: Cornelsen Scriptor
Mathe, Schuljahr 7 / Reiner Böttcher (1999)
ISBN 3-589-21205-5

Dieses Werk berücksichtigt die Regeln der reformierten
Rechtschreibung und Zeichensetzung.

5.	4.	3.	2.	€	Die letzten Ziffern bezeichnen
05	04	03	2002		Zahl und Jahr der Auflage.

Redaktion: Stefan Giertzsch, Berlin
Typographie: Julia Walch, Bad Soden
Herstellung: Brigitte Bredow, Berlin
Umschlagentwurf: Vera Bauer, Berlin, unter Verwendung
einer Illustration von Roland Beier, Berlin
Illustrationen: Detlev Schüler, Berlin;
Hundemotive: Roland Beier, Berlin
Sachzeichnungen: Stefan Giertzsch, Berlin
Satz: FROMM MediaDesign GmbH, Selters/Ts.
Druck und Bindung: Clausen & Bosse, Leck
Printed in Germany
ISBN 3-589-21205-5
Bestellnummer 212055

Inhalt

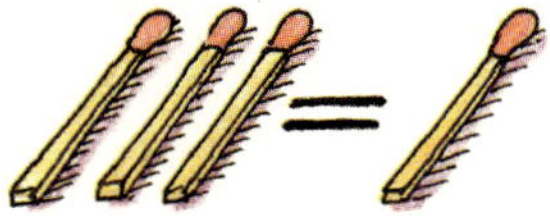

Lösen
Terme
Lösungsmenge
Probe
Zusammenfassen
Umformungen

Vorwort

Hallo, liebe Schülerin, lieber Schüler!
Hallo, liebe Eltern!

Wer ***jeden Tag ein bisschen besser*** wird, ist bald sehr gut!

Dieses Heft stellt auf jeder Doppelseite ein Thema aus dem Mathematikunterricht der 7. Klasse vor, das in einer Viertel- oder einer halben Stunde bearbeitet werden kann. Eine Doppelseite pro Tag genügt völlig. Man schreibt einfach direkt ins Heft rein. Ist einmal nicht genug Platz, kann auch alles auf ein Blatt Papier geschrieben werden.

In der Mitte des Heftes haben wir einen Lösungsteil zum Heraustrennen eingeheftet. Damit sollten immer gleich die Ergebnisse überprüft werden. Das ist ganz wichtig, um in Zukunft Fehler zu vermeiden!

Und nun viel Spaß und viel Erfolg!

1 Anteile und Prozente

Das Datum von heute ________________

Gib den Anteil der gefärbten Flächen an der Gesamtfläche in Prozent an.

a) 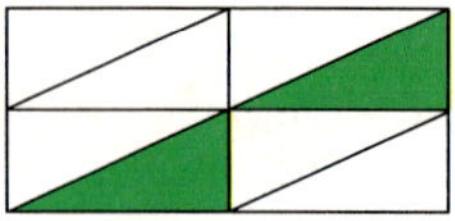

________ %

b) 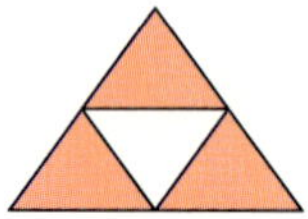

________ %

c) 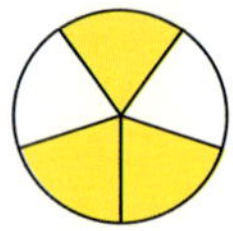

________ %

d) 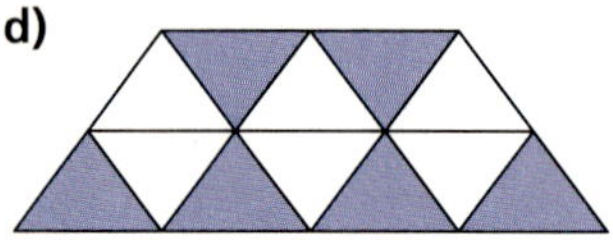

________ %

e) 

________ %

f) 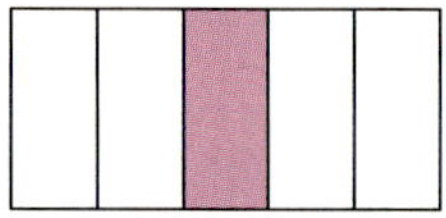

________ %

Was bedeuten diese häufig auftretenden Prozentangaben?

75 % vom Ganzen bedeutet dasselbe wie ____________ vom Ganzen.

50 % vom Ganzen bedeutet dasselbe wie ____________ vom Ganzen.

25 % vom Ganzen bedeutet dasselbe wie ____________ vom Ganzen.

20 % vom Ganzen bedeutet dasselbe wie ____________ vom Ganzen.

10 % vom Ganzen bedeutet dasselbe wie ____________ vom Ganzen.

$33\frac{1}{3}$ % vom Ganzen bedeutet dasselbe wie ____________ vom Ganzen.

1 % vom Ganzen bedeutet dasselbe wie ____________ vom Ganzen.

Färbe in den Flächen den Anteil, der den angegebenen Prozenten entspricht.

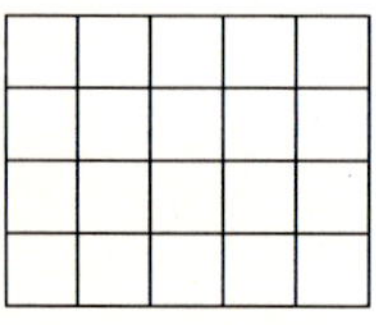

80 % färben

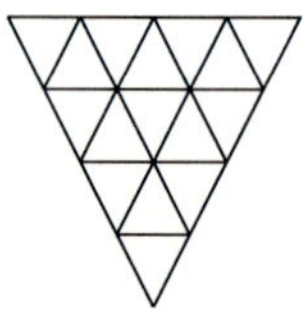

75 % färben

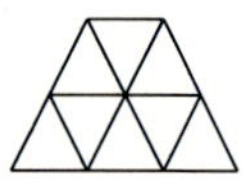

25 % färben

Daniel kaufte für die Klassenparty Getränke ein. Wie viel Prozent an Flaschen blieb von jedem Getränk übrig? Runde sinnvoll.

≈ ______ %   ≈ ______ %   ≈ ______ %   ≈ ______ %

Gib den Teil als Bruch (als Anteil) und in Prozent an.

Das Ganze	60	24	36	100	16	40
Der Teil	30	6	27	70	4	4
Der Anteil	$\frac{30}{60}$					
Prozent	50 %					

Schreibe als Bruch und kürze.

a) 10 % = ―― = ――   **b)** 60 % = ―― = ――   **c)** 25 % = ―― = ――

Schreibe den Dezimalbruch als Hundertstelbruch und gib ihn in Prozent an.

a) $0{,}13 = \frac{\_\_}{100}$ = ____ %   **b)** $0{,}09 = \frac{\_\_}{100}$ = ____ %   **c)** $0{,}01 = \frac{\_\_}{100}$ = ____ %

DIE PFIFFIKUSAUFGABE

Verschiebe die Dominosteine so, dass sich sowohl in der waagerechten als auch in der senkrechten Richtung jeweils die Summe 17 ergibt.

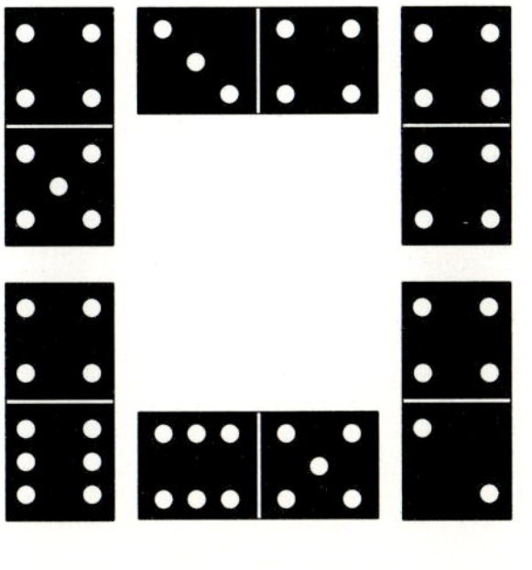

2 Der Prozentsatz (p)

Das Datum von heute

___

Wurden die Prozentangaben richtig gedeutet? Kreuze an.

p	Prozentsatz
G	
W	

a) Die Einschaltquote beim Sonntagskrimi „Der gesprengte Tresor" betrug 25 %.

→ Jeder vierte Fernsehzuschauer hat diesen Krimi gesehen.

☐ ja oder ☐ nein

→ 25 000 Zuschauer sahen den Krimi

☐ ja oder ☐ nein

→ Ein Viertel aller Zuschauer sahen den Krimi.

☐ ja oder ☐ nein

b) Das Gefälle einer Straße wird mit einem Warnzeichen angekündigt.

→ Zwischen Anfang und Ende der Strecke besteht ein Höhenunterschied von 10 m.

☐ ja oder ☐ nein

→ Auf einer Länge von 10 m fällt die Straße um 1 m ab.

☐ ja oder ☐ nein

→ Das Gefälle der Straße beträgt auf 100 m genau 10 m.

☐ ja oder ☐ nein

Reiner und Syndi üben beim Tennistraining den Aufschlag. Die erreichten Treffer haben sie notiert. Reiner behauptet, dass er besser war. Stimmt das?

	Reiner	Syndi
Versuche	80	64
Treffer	56	48
Trefferanteil in %		

So kannst du rechnen:

$p_{Reiner} = \frac{\quad \cdot 100}{\quad}$

$p_{Reiner} =$ ______

$p_{Syndi} = \frac{\quad \cdot 100}{\quad}$

$p_{Syndi} =$ ______

☐ ja oder ☐ nein, denn

Reiner hat ______ % und Syndi hat ______ % erreicht.

Bei der Wahl zum Klassensprecher ergaben sich für das 7. Schuljahr folgende Ergebnisse.

7a: Robert bekam 24 von 32 Stimmen = ______ %

7b: Christian bekam 20 von 25 Stimmen = ______ %

7c: Grit bekam 21 von 30 Stimmen = ______ %

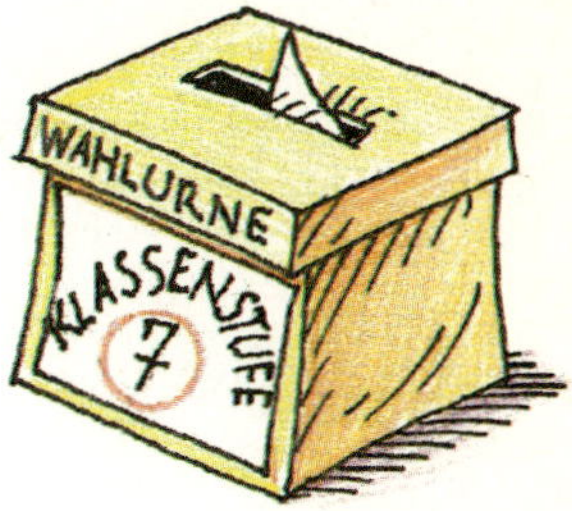

Wer hatte das beste Wahlergebnis? ____________________

Bei einer Geschwindigkeitskontrolle hatten von 240 kontrollierten Fahrzeugen 84 Fahrzeuge die zulässige Höchstgeschwindigkeit überschritten. Wie viel Prozent der kontrollierten Fahrzeuge waren das?
So kannst du rechnen:

$p = \frac{\quad \cdot 100}{\quad}$ $\qquad$ $p =$ ______ %

Um wie viel Prozent ist das rote Lineal länger als das blaue Lineal?
Um wie viel Prozent ist das blaue Lineal kürzer als das rote Lineal?

$p = \frac{\quad \cdot 100}{\quad}$ $\qquad$ $p = \frac{\quad \cdot 100}{\quad}$

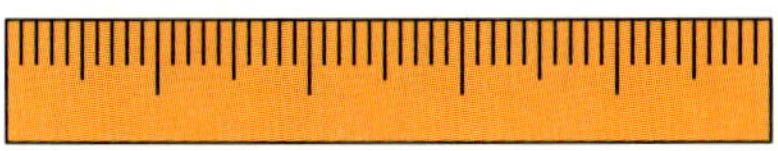

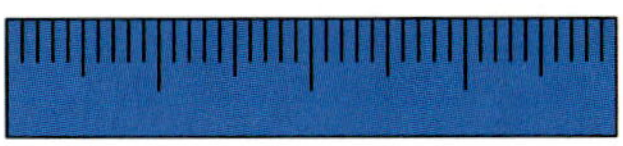

um ______ % länger $\qquad$ um ______ % kürzer

DIE PFIFFIKUSAUFGABE

Lege 2 Hölzer so um, dass die Kugel außerhalb des Glases liegt.

3 Der Prozentwert (W)

Das Datum von heute

____

Wasser in Lebensmitteln

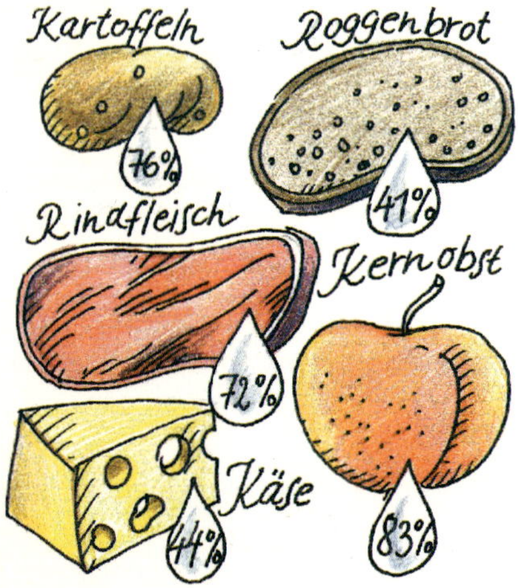

Wie viel Gramm Wasser sind in 1 kg der Lebensmittel enthalten?

Rechne so: $W = \frac{\cdot}{100}$

1 kg	Wassergehalt
Kartoffeln	g
Käse	g
Rindfleisch	g
Kernobst	g
Roggenbrot	g

Löse die Rechenkette und berechne die Zahlen für *x*, *y* und *z*. Wenn du richtig gerechnet hast, erhältst du die am Ende der Kette angegebene Zahl.

a) 30 % von 600 = x ____

60 % von ____ = y ____

42 + ____ = z ____

50 % von ____ = 75

b) 12 % von 1 800 = x ____

$\frac{1}{3}$ von ____ = y ____

18 + ____ = z ____

40 % von ____ = 36

c) 75 % von 2 400 + 200 = x ____

10 % von ____ –190 = y ____

1 % von ____ +0,9 = z ____

25 % von ____ $-\frac{1}{4}$ = 0

Gesund leben!
Ihre Krankenkasse rät:
Täglich nur 75 g Fett zu sich nehmen.

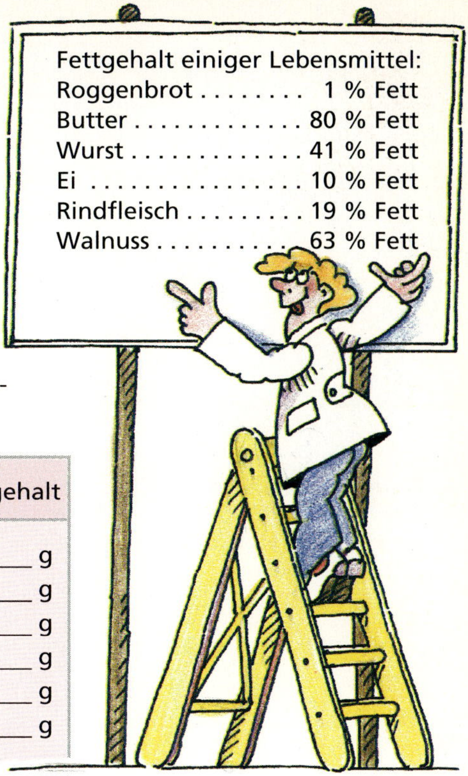

Mario hat im Verlauf des Tages 120 g Roggenbrot, 15 g Wurst, 25 g Butter, 100 g Rindfleisch, 60 g Ei und 15 g Walnüsse verzehrt.
Überprüfe, wie viel Fett Mario zu sich genommen hat. Bearbeite diese Tabelle:

Prozentualer Fettanteil			Fettgehalt
1 %	von	______ g Roggenbrot	______ g
41 %	von	______ g Wurst	______ g
_____	von	______ g Butter	______ g
_____	von	______ g Rindfleisch	______ g
_____	von	______ g Ei	______ g
_____	von	______ g Walnüsse	______ g
		Summe	______ g

Rolf will ein Moped für 920 € kaufen. Der Händler bietet ihm bei Barzahlung einen Rabatt von 3 % an. Was müsste er dann zahlen?

$W = \frac{\quad \cdot \quad}{100}$

Der Rabatt beträgt ________ €.

Rolf müsste ________ € bezahlen.

DIE PFIFFIKUSAUFGABE

Nimm 4 Hölzer so weg, dass 4 gleiche kleine Quadrate und ein großes Quadrat entstehen.

4 Der Grundwert (G)

Das Datum von heute ____________

Überschlage den Grundwert im Kopf. Rechne danach genau.

	Überschlag	Genau
53 % von *G* sind 954 kg		
18 % von *G* sind 648 m		
42 % von *G* sind 147 €		
24 % von *G* sind 78 t		
32 % von *G* sind 92 l		

Berechne den Neuwert der angebotenen Modelle.

Modell	Neupreis	Angebotspreis
Radler		189 €
Sprinter		306 €
Super		612 €
City		516 €

In der Winterzeit wirbt Fahrrad-Jahn mit folgendem Angebot:
„Wir geben für ein City-Bike 15 % Rabatt. Sie sparen beim Kauf 132 €."

a) Wie viel € kostete das Rad ursprünglich?

b) Wie viel soll es jetzt kosten?

Rechne so: $G = \frac{\quad \cdot 100}{p}$

$G =$ ________ €

	€
–	€
	€

Das Rad wird für ________ € angeboten.

Eine Fahrradkontrolle ergab, dass von den überprüften Rädern 234 Räder erhebliche Mängel aufwiesen. Das waren genau 12 % der kontrollierten Räder.
Wie viel Fahrräder wurden überprüft?

Rechne so: $G = \frac{\_\_\_\_\_ \cdot \_\_\_\_\_}{p}$

$G =$ __________ überprüfte Räder

Trage das Ergebnis der Aufgabe A in das mit A gekennzeichnete Kästchen ein. Notiere ebenso die anderen Ergebnisse. Die Summe der 3 Ergebnisse auf jeder Geraden muss 100 ergeben.

Aufgabe	G	p (in %)	W
A	24		1,56
B	312,5	4	
C		70	56,70
D		32	3,68
E	11 000		264
F		30	24,6
G	200	0,7	
H	207,5	8	

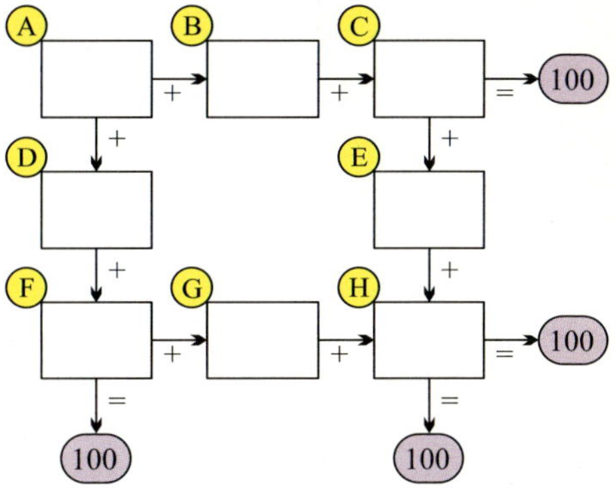

DIE PFIFFIKUSAUFGABE

Kannst du ohne Berührung der Würfel herausfinden, wie viel Augen insgesamt bei den 8 Würfeln verdeckt sind? Baue einen solchen Würfelturm auf und überprüfe deine Lösung.

5 Diagramme

Das Datum von heute

______

Was die Bundesbürger naschen
Pro-Kopf-Verbrauch in kg

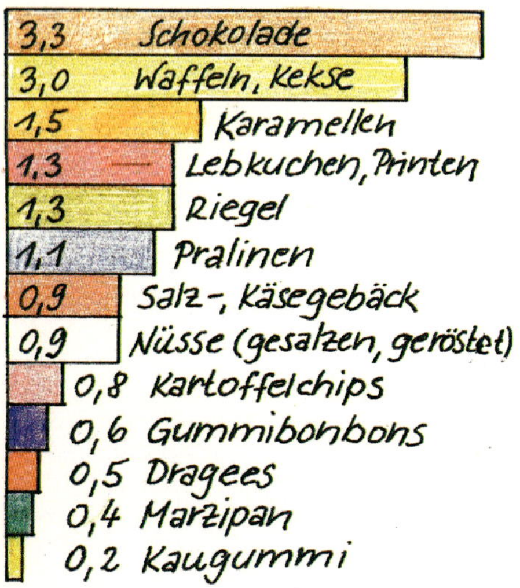

a) Wie viel Kilogramm Naschwaren verbraucht jeder Bürger?

______ kg pro Kopf

b) Wie viel Prozent davon sind:

Schokolade: ______ %

Salz- und Käsegebäck: ______ %

Kartoffelchips: ______ %

Gummibonbons: ______ %

Kaugummi: ______ %

An der Wahl des Siegers der Hitparade beteiligten sich 124 500 Zuschauer.

a) Wie viel Zuschauer stimmten für Rony? Rechne so:

$W = \frac{\cdot}{100}$

$W =$ ______

b) Schätze, wie viel Prozent der Stimmen die anderen Schlagerstars erhielten:

Linda: ≈ ______ % Maik: ≈ ______ %

Donni: ≈ ______ % Evi: ≈ ______ %

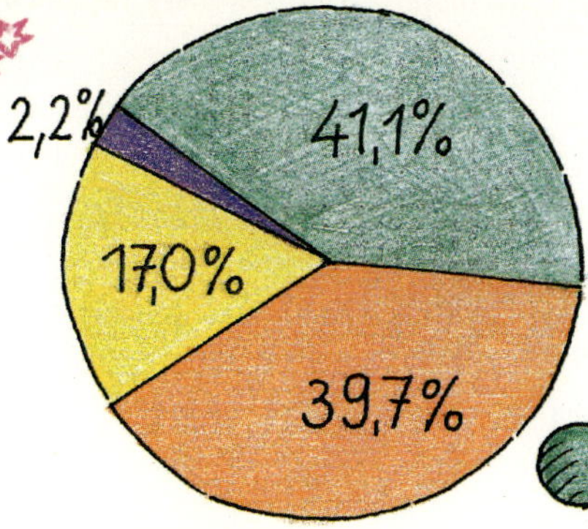

Die Waldfläche in Deutschland beträgt etwa 10 400 000 ha.

a) Wie viel ha des Waldes sind noch nicht geschädigt?

b) Wie viel ha entfallen auf die einzelnen Schadstufen?

a) $W = \frac{G \cdot p}{100}$ $W =$ ________ ha

b) $W_{Stufe1} =$ _______ ha $W_{Stufe2} =$ _______ ha $W_{Stufe3} =$ _______ ha

Protokoll zur Fahrzeugzählung
Kreuzung: Augustusplatz Zeit: 14.30 bis 15.30 Uhr

		Anzahl	Prozent
PKW	𝍸 𝍸 𝍸 𝍸 𝍸 𝍸 𝍸 𝍸 𝍸 𝍸 𝍸 𝍸 𝍸 𝍸 𝍸 𝍸 𝍸 III		
LKW	𝍸 𝍸 𝍸 𝍸 II 𝍸 𝍸 𝍸 𝍸		
Kräder	𝍸 𝍸 𝍸 𝍸 𝍸 𝍸 𝍸 IIII		
Fahrräder	𝍸 𝍸 𝍸 𝍸 I		
	Summe:		

a) Wie viel Prozent aller Fahrzeuge entfallen auf die jeweilige Fahrzeugart?

b) Stelle die Prozentverteilung für die einzelnen Fahrzeuge in dem Streifendiagramm dar.

	100 %

DIE PFIFFIKUSAUFGABE

Römische Zahlen! Lege 2 Hölzer so um, dass Zahlengleichheit besteht.

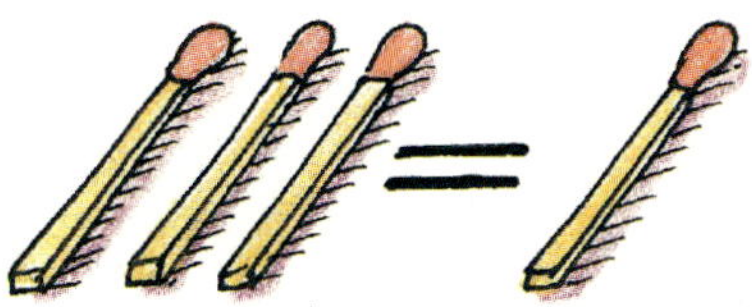

6 Zinsen

Das Datum von heute

____

Ordne die Begriffe „Zinsen", „Kapital" und „Zinssatz" richtig zu.

Prozentrechnung	Zinsrechnung
Grundwert *(G)* →	___________
Prozentwert *(W)* →	___________
Prozentsatz *(p)* →	___________

Wie hängen die Zinsen bei gleichem Zinssatz vom Kapital ab? Ergänze.

Kapital	Zinssatz	Zinsen
1 500 €	3,5 %	
2 000 €	3,5 %	
3 000 €	3,5 %	
4 000 €	3,5 %	
7 500 €	3,5 %	

→ Bei doppeltem Kapital sind die Zinsen ___________ so hoch.
→ Bei fünffachem Kapital sind die Zinsen ___________ so hoch.

Wie hängen die Zinsen bei gleichem Kapital vom Zinssatz ab? Vervollständige.

Kapital	Zinssatz	Zinsen
1 200 €	2 %	
1 200 €	4 %	
1 200 €	6 %	
1 200 €	8 %	

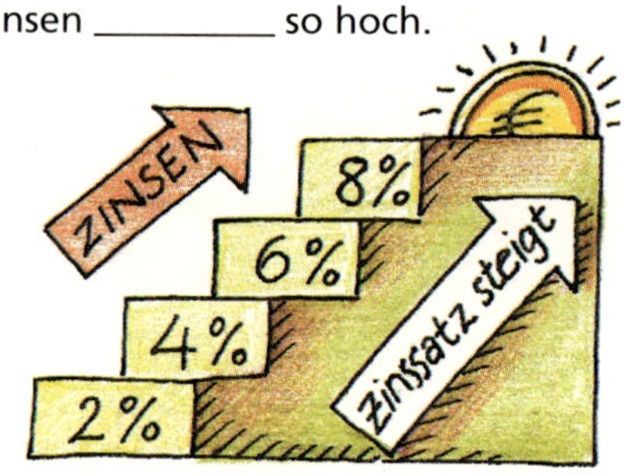

→ Bei doppeltem Zinssatz sind die Zinsen ___________ so hoch.
→ Bei dreifachem Zinssatz sind die Zinsen ___________ so hoch.
→ Bei vierfachem Zinssatz sind die Zinsen ___________ so hoch.

Frau Sparsam und Herr Reich haben einen Teil ihrer Ersparnisse in Sparbriefen angelegt.

a) Wer von beiden bekommt nach einem Jahr mehr Zinsen ausgezahlt?
b) Wie hoch ist der Gesamtbetrag, den jeder beim Verkauf des Sparbriefes nach einem Jahr erhält?

Zinsen: ________ € Zinsen: ________ €

Gesamtbetrag: ________ € Gesamtbetrag: ________ €

Herr Sportlich zahlt beim Kauf seines Sportwagens 34 380 € an. Für den Rest des Kaufpreises nimmt er einen Kredit über 14 000 € zu einem Zinssatz von 8,4 % auf. Nach einem Jahr hat er den Kredit zurückgezahlt.

a) Wie viel Zinsen musste er zahlen?

Zinsen für ein Jahr: ________ €

b) Wie viel kostet ihn das Auto tatsächlich?

Rechne so:

Kaufpreis:		________ €
Zinsen:	+	________ €
Gesamtkosten:		________ €

DIE PFIFFIKUSAUFGABE

Überlege. Wie viele Würfel müssen auf die Waage, um den Quader aufzuwiegen?

7 Rabatt und Skonto

Das Datum von heute

____

a) Was ist „Rabatt"? Kreuze an.

- ○ ein Qualitätsmerkmal
- ○ ein Wertverlust
- ○ ein Preiszuschlag
- ○ ein Zinsgewinn
- ○ ein Preisnachlass

b) Wann erhält man „Skonto"? Kreuze an.

- ○ bei verspäteter Zahlung
- ○ bei Banküberweisungen
- ○ bei Zahlung innerhalb einer vorgegebenen Zeit
- ○ bei Teilzahlung
- ○ bei sofortiger Barzahlung
- ○ bei Zahlung in ausländischer Währung
- ○ bei Aufnahme eines Kredites

Autoversicherungen zahlen einen Schadenfreiheitsrabatt. Gib den Rabatt in € an und berechne den zu zahlenden Versicherungsbetrag. Trage die berechneten Werte in die Tabelle ein.

Versicherungsbetrag (100 %)	Rabatt		zu zahlen ist
	in %	in €	
532 €	15		
764 €	35		
1 056 €	55		

Rechenhilfe:

a) Rabatt: $x = \frac{\quad\cdot\quad}{100}$; $x =$ ____________

b) zu zahlender Betrag: ________ – ________ = ________

Vervollständige den Rechenweg. Wie viel würde Herr Schmieder bei Barzahlung zahlen müssen?

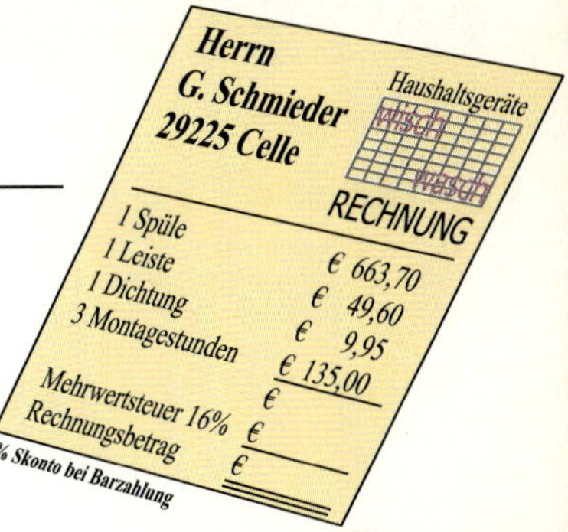

a) Mehrwertsteuer: $x = \frac{\_\_\_\_ \cdot 16\,\%}{100}$; $x =$ __________

b) Skonto: $z = \frac{\_\_\_\_ \cdot 2\,\%}{100}$; $z =$ __________

c) Rechnungsbetrag: __________

Skonto: − __________

zu zahlen __________

Wie viel Prozent wurden jeweils gewährt?

ursprünglicher Preis	Barzahlung	Skonto (%)
592 €	580,16 €	
2 964 €	2 875,08 €	
348 €	341,04 €	

Christin erhält beim Kauf ihres Kassettenrekorders einen Kundenrabatt von 5 % und muss deshalb nur 213,75 € zahlen. Wie viel Geld hat sie eingespart?

Rechenhilfe: $x = \frac{\_\_\_\_ \cdot 100}{\_\_\_\_}$; $x =$ __________

gespart wurden: __________ − 213,75 € = __________

DIE PFIFFIKUSAUFGABE

Die von einer Seerose bedeckte Fläche eines Sees verdoppelt sich an jedem Tag. Nach 30 Tagen ist der See völlig bedeckt. Wann war genau die Hälfte des Sees von der Seerose bedeckt?

8 Proportionale Zuordnung

Das Datum von heute ______________

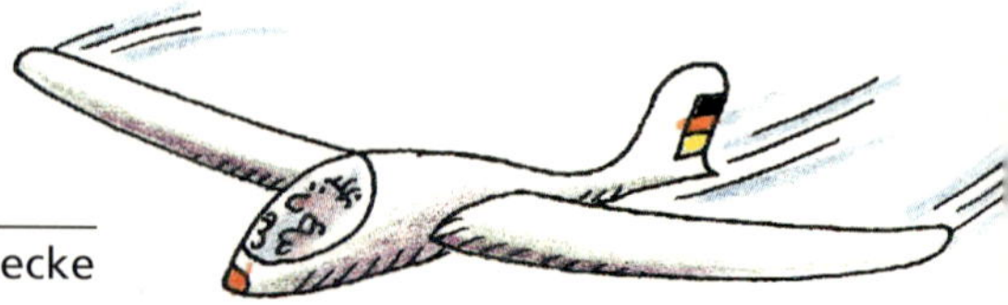

Berechne die fehlenden Angaben!

$$\text{Gleitverhältnis} = \frac{\text{Höhenverlust}}{\text{überflogene Bodenstrecke}}$$

	Höhenverlust	Bodenstrecke	Gleitverhältnis
Segelflieger	1 m		$\frac{1}{40}$
Motorgleiter	24 m	720 m	
Drachenflieger	5 m		$\frac{1}{12}$
Papiergleiter		140 m	$\frac{3}{7}$

Ein Flieger verliert im Landeanflug 10 m an Höhe und überfliegt dabei 200 m der Landebahn.

a) Welche Strecke überfliegt er insgesamt, wenn er sich in 60 m Höhe befindet? Vervollständige die Tabelle.

Höhe (m)	10	20	30	40	50	60
Bodenstrecke (m)						

Die überflogene Strecke beträgt __________ m.

b) Welches Gleitverhältnis besitzt dieser Flieger?

Gleitverhältnis: _______________

Paul kann sich die Malfolge der 7 nicht merken. Steffi gibt ihm deshalb diese Tabelle zum Üben.

a) Ergänze die Leerstellen mit Hilfe der Gleichung: $x = 7 \cdot a$!

a	3	5	6	2	7	12				
x							56	28	77	63

b) Was gilt für x, wenn a verdreifacht wird?
Wenn a verdreifacht wird, dann ______________________________.

Maßstab: 1 : 5 000 000

Miss die Abstände zwischen folgenden Städten und gib die Entfernung (Luftlinie) in km an.

a) Dortmund – Erfurt: ≈ ______ km

b) Bremen – Halberstadt: ≈ ______ km

c) Salzwedel – Bremen: ≈ ______ km

d) Gotha – Hannover: ≈ ______ km

DIE PFIFFIKUSAUFGABE

Zeichne das Rechteck auf ein Blatt Papier. Eine Seite soll doppelt so lang sein wie die andere. Zerschneide das Rechteck mit **zwei** Schnitten so, dass du die erhaltenen Teile zu einem Quadrat zusammensetzen kannst.

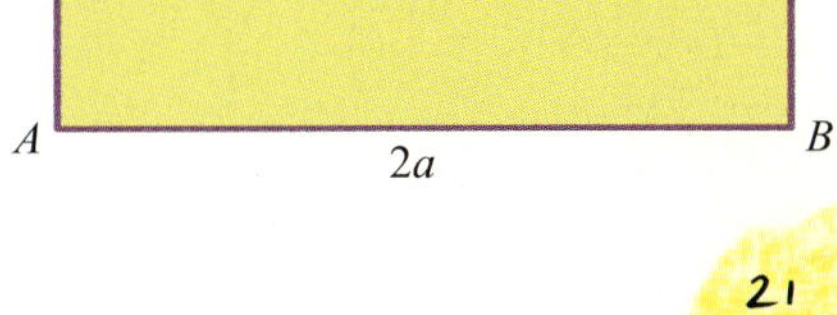

9 Dreisatz bei proportionaler Zuordnung

Das Datum von heute ______________

Zwei Liter Öl werden zum Preis von 14,80 € angeboten.

a) Für einen Ölwechsel benötigt Herr Schnittich 3,5 l Öl. Wie viel muss er dafür zahlen?

2 l kosten: ☐ €

1 l kostet: ☐ € : ☐ = ☐ €

3,5 l kosten: ☐ · ☐ € = ☐ €

Herr Schnittich zahlt _______ €.

b) Herr Sportlich benötigt für seinen Sportwagen 4,3 l „Öl-Extra“, das zum Preis von 33,90 € für 3 l angeboten wird. Wie viel muss er zahlen?

___ l kosten: ☐ €

_________: ☐ € : ☐ = ☐ €

_________: ☐ · ☐ € = ☐ €

Herr Sportlich zahlt _______ €.

Ein Wasserhahn tropft. In 2 Tagen werden dadurch 24,8 l Wasser vergeudet. Wie hoch ist der Wasserverlust in einer Woche?

2 Tage: ☐ l

______ Tag: ☐ l : ☐ = ☐ l

______ Tage: ☐ · ☐ l = ☐ l

Der Wasserverlust in ___________________________ .

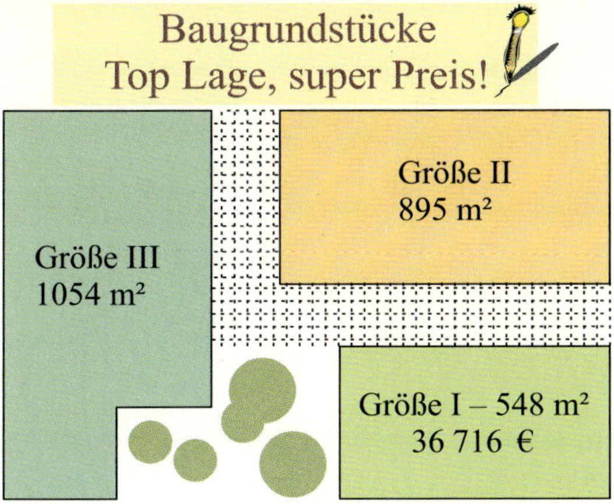

Berechne die Grundstückspreise für die Grundstücke der Größen II und III. Aus dem Lageplan kannst du alle notwendigen Angaben entnehmen.
Der Preis pro m^2 ist bei allen Grundstücken gleich.

a) Größe II: ☐ m^2 kosten: ☐ €

☐ m^2 kostet: ☐ € : ☐ = ☐ €

☐ m^2 kosten: ☐ · ☐ € = ☐ €

b) Größe III: ______ m^2 · ______ $\frac{€}{m^2}$ = ______ €

Lösbar oder nicht lösbar? Prüfe! Begründe deine Entscheidung.

a) Christin ist 12 Jahre alt und 1,42 m groß. Wie groß ist sie im Alter von 24 Jahren?

○ lösbar ○ nicht lösbar

b) 4 Eier kochen 5 Minuten, bis sie hart sind. Wie lange brauchen 8 Eier?

○ lösbar ○ nicht lösbar

c) Zur Halbzeit steht ein Fußballspiel 3:1. Wie wird das Torverhältnis am Ende des Spiels sein?

○ lösbar ○ nicht lösbar

DIE PFIFFIKUSAUFGABE

Welche Kerze brennt am hellsten?

10 Zuordnungen

Das Datum von heute

____

Zuordnungen können eine wahre oder eine falsche Aussage beinhalten.
Prüfe und kreuze an!

	wahr	oder falsch?
a) Je älter ein Mensch ist, um so mehr wiegt er.	○	○
b) Je schneller du läufst, um so weniger Zeit benötigst du für die Laufstrecke.	○	○
c) Je mehr Musiker ein Musikstück spielen, um so länger dauert das Musikstück.	○	○
d) Je schneller ein Auto fährt, um so mehr Kraftstoff verbraucht es.	○	○
e) Je länger eine Kerze brennt, um so kürzer ist sie.	○	○
f) Je größer ein Baum ist, um so älter ist er.	○	○

Was ergibt eine sinnvolle Zuordnung?
Ordne jeweils einen der Begriffe zu.

Fahrstrecke	→	
Gewicht	→	
Alter	→	
Körpergröße	→	
Geschwindigkeit	→	
Schüler	→	
Temperatur	→	

a) Welche Zuordnung wird in dem Diagramm dargestellt?

________________ → ________________

b) Vervollständige die Zuordnungstabelle.

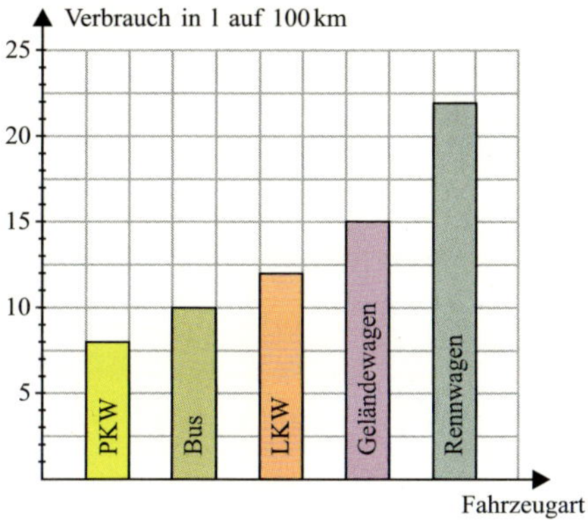

Fahrzeugart	Verbrauch in l
LKW	
	15

Parkgebühren werden nach angefangenen Stunden berechnet. Gib die Parkgebühr für die jeweilige Parkzeit an.

Parkgebühren-Ordnung

1 Stunde	0,75 €
2 Stunden	1,50 €
3 Stunden	2,50 €
4 Stunden	3,50 €
5 Stunden	4,50 €
Tagessatz	4,50 €
Dauerkarte monatlich	77,50 €

Zeit (in min)	45	60	95	100	120	150	200	275	300	325
Preis (in €)										

Nenne die Zuordnung: ________________ → ________________

DIE PFIFFIKUSAUFGABE

„Steigen oder fallen"
Belege aufeinanderfolgende Kästchen so mit Zahlen, dass diese um gleiche Werte steigen oder fallen. Zwei Beispiele für solche Zahlenreihen sind farbig eingetragen.

	70		66	■	50	■	75	80	85	90
■	60			■		■	■	85		
96	50		■	23				■	■	
■	40	■				■			84	87
■	30	18	■	31			64	■		■
15	20		30			45		55		65
■	10		■	39			36	■		■

11 Zuordnungen im Koordinatensystem

Das Datum von heute ______________

Ein Liter „Super-Plus“ kostet aus Anlass der Eröffnung der Tankstelle 0,90 €.

a) Vervollständige die Tabelle.

Menge (in l)	5	10	15	20	25
Preis (in €)					

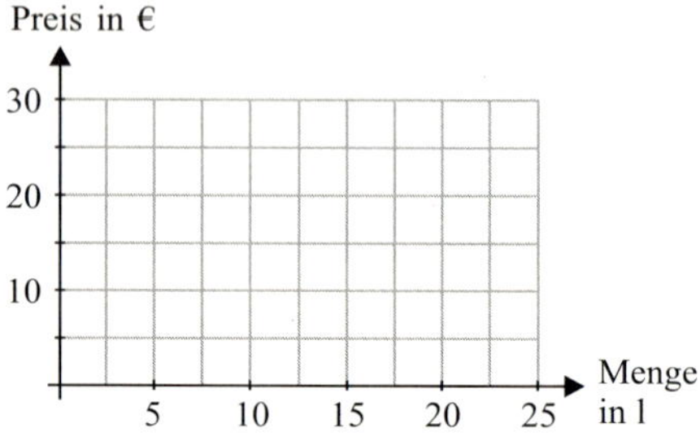

b) Trage die Wertepaare in das Koordinatensystem ein und verbinde die Punkte mit einer geraden Linie.

c) Lies aus der Darstellung ab:

12 l kosten ________ €. Für 23 € bekommst du ________ l.

18 l kosten ________ €. Für 27 € bekommst du ________ l.

a) Welche Zuordnung ist hier dargestellt?

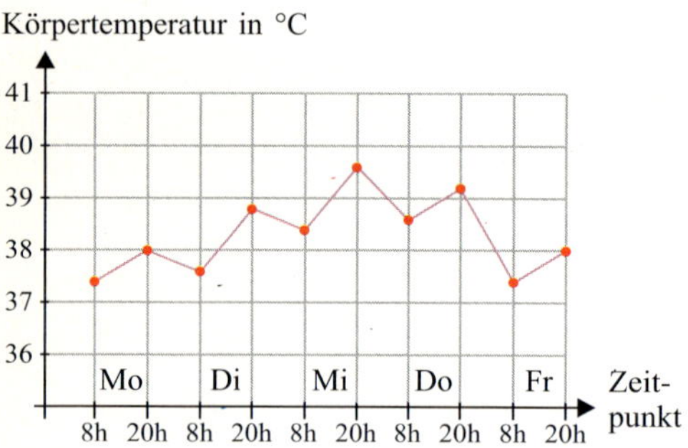

Zeitpunkt		Körpertemperatur
Mo	8 h	
	20 h	
Di	8 h	
	20 h	
Mi	8 h	
	20 h	
Do	8 h	
	20 h	
Fr	8 h	
	20 h	

b) Lies aus dem Koordinatensystem die Körpertemperatur ab und trage sie in die Zuordnungstabelle ein.

Das Koordinatensystem „berichtet“ über eine Radtour.

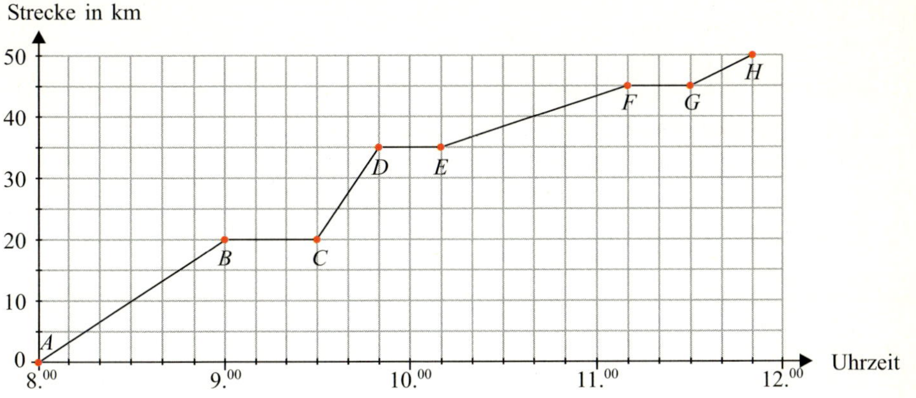

a) Wie lang war die Strecke? $\overline{AH}$ = ______ km

Wie lange dauerte die Tour? ____ Std. ____ min

b) Wann wurden Pausen gemacht und wie lange dauerten diese?

1. Pause: ______ Uhr 2. Pause: ______ Uhr 3. Pause: ______ Uhr

Dauer: ______ min Dauer: ______ min Dauer: ______ min

c) Auf welchem Streckenabschnitt wurde

– am langsamsten gefahren? ________

– am schnellsten gefahren? ________

d) Wie viel Zeit wurde für folgende Strecken benötigt?

$\overline{CD}$: ______ min $\overline{GH}$: ______ min

DIE PFIFFIKUSAUFGABE

Suche zu jedem Wort das Gegenteil. Die Anfangsbuchstaben der gefundenen Wörter ergeben fortlaufend gelesen den Namen eines Singvogels:
Krankheit – Zwerg – Reichtum – Fluch – Abend – Langeweile – Einzelgesang – Schale – Teufel

12 Umgekehrt proportionale Zuordnung

Das Datum von heute

____

a) Lies aus dem Diagramm die fehlenden Tabellenwerte ab und trage sie ein.

v (km/h)		10	20		40	
t (h)	6			1		60

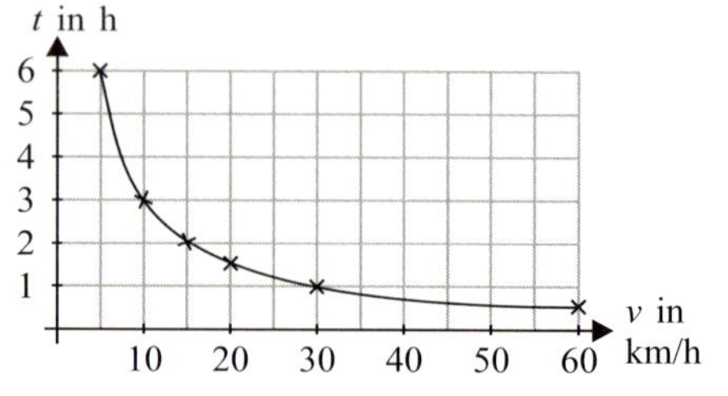

b) Mit welcher Durchschnittsgeschwindigkeit muss Paul mit seinem Bike fahren, wenn er die Strecke in 2 Stunden zurücklegen will.

v = ________ km/h

a) Trage in die Tabelle die Seitenlängen a und b für verschiedene Rechtecke ein, die den Flächeninhalt *A* = 30 EH haben. (1 Einheit (EH) = 1 Kästchen)

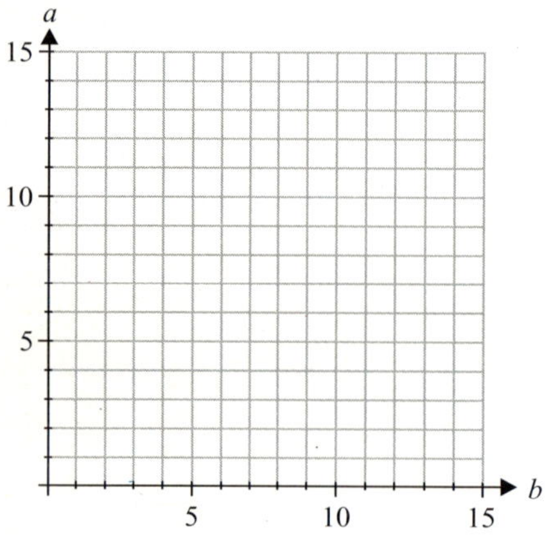

a	*b*	*A* (EH)
2	15	30

b) Übertrage die Wertepaare für *a* und *b* in das Koordinatensystem. Verbinde die Punkte zu einer Kurve.

c) Lies aus der Darstellung die zugehörigen Werte ab.

a = ____ *b* = 7,5 Prüfe: *A* = ____ · 7,5 = ______ (EH)

a = 12 *b* = ____ *A* = 12 · ____ = ______ (EH)

Ein Schwimmbecken soll von 5 gleich starken Zuflüssen in 12 Stunden gefüllt werden.

a) Zwei Zuflüsse fallen aus. Wie lange dauert nun das Füllen?

Überlege:
5 Zuflüsse: ______ Stunden

1 Zufluss: ______ Stunden

3 Zuflüsse: ______ Stunden

Das Füllen des Beckens dauert ______ Stunden.

b) Könnte man das Becken mit nur einem Zufluss in 60 Stunden füllen?

○ ja oder ○ nein

DIE PFIFFIKUSAUFGABE

Lege mit Hölzern diese Figur.

a) In der Figur sind genau 30 Quadrate versteckt. Suche sie und schreibe ihre Eckpunkte auf.
→ z. B. *ABGF*

b) Nimm 9 Hölzer so weg, dass 7 Rechtecke entstehen.

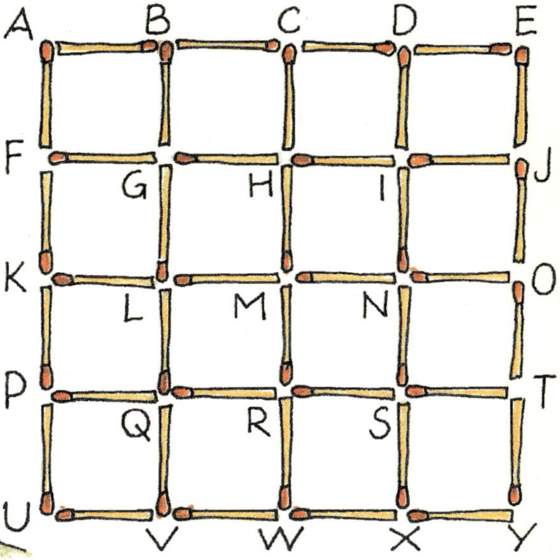

13 Dreisatz bei umgekehrt-proportionaler Zuordnung

Das Datum von heute

____

Die Fährüberfahrt nach Dänemark dauert bei einer Geschwindigkeit von 20 km/h genau 55 Minuten. Welche Fahrzeit wird bei einer Geschwindigkeit von 28 km/h benötigt?

Rechne so:

20	km/h	benötigte Zeit:	55 min
1	km/h	benötigte Zeit:	______ · ______ min = ______ min
______	km/h	benötigte Zeit:	$\frac{\square \cdot \square}{\square}$ = ______ min

Antwort:

____

Fließen durch das Löschrohr einer Feuerwehr 450 l Wasser pro Minute, so ist der Großtankwagen nach 12,5 min leer. Berechne die Löschzeit, wenn 500 l Wasser pro Minute ausströmen.
Rechne in der „Kurzform“:

$\square$ l → $\square$ min

$\square$ l → x min

____

$x = \frac{\square \cdot \square}{\square}$ min

x = ______ min

Antwort: ______________________________

Für den ersten „Non-Stop-Flug“ über den Atlantik wurden 33 Stunden bei einer Geschwindigkeit von 180 km/h benötigt. Berechne die Flugzeiten für die angegebenen Flieger.

Cessna T 337 (v = 400 km/h)	Airbus A 300 (v = 900 km/h)	Concorde (v = 2 300 km/h)
________ Std.	________ Std.	________ Std.

Rechne in der „Kurzform“:

180 km/h → ______ h

______ km/h → x h

$x_C = \frac{\square \cdot \square}{\square}$ $x_A = \frac{\square \cdot \square}{\square}$ $x_{Co} = \frac{\square \cdot \square}{\square}$

x_C = ______ x_A = ______ x_{Co} = ______

DIE PFIFFIKUSAUFGABE

Wie viel Möglichkeiten gibt es, einen 50-€-Schein in Papiergeld umzuwechseln?

14 Addieren mit rationalen Zahlen

Das Datum von heute ____________

Vervollständige die Tabelle. Beachte, dass man bei Temperaturänderungen eine Erwärmung durch „+“ und eine Abkühlung durch „–“ kennzeichnet.

Nacht-temperatur	Tageshöchst-temperatur	Temperatur-änderung
–3° C	+9° C	
–15° C		+7 Grad
+2° C		–5 Grad
0° C	–6° C	

Ermittle die fehlenden Temperaturen.

a) 0° C — 7° wärmer → ______

b) –3° C — 7° wärmer → ______

c) +4° C — 10° wärmer → ______

d) ______ — 4° wärmer → 0° C

e) ______ — 9° wärmer → +2° C

f) ______ ← 7° kälter — 0° C

g) ______ ← 9° kälter — –3° C

h) ______ ← 10° kälter — +4° C

i) 0° C — 4° kälter ← ______

j) +2° C — 9° kälter ← ______

Welches Vorzeichen musst du für „*“ einsetzen, damit das Ergebnis richtig wird?

a) *15 + (–6) = –21
b) 14 + (*5) = 9
c) 12 + (*7) = 5
d) 12 + (*12) = 0
e) *14 + (–15) = –29
f) 29 + (*18) = 11

LÖSUNGEN

1

a) 25 % b) 75 % c) 60 % d) 50 % e) 100 % f) 20 %

... wie drei Viertel vom Ganzen
... wie die Hälfte vom Ganzen
... wie ein Viertel vom Ganzen
... wie ein Fünftel vom Ganzen
... wie ein Zehntel vom Ganzen
... wie ein Drittel vom Ganzen
... wie ein Hundertstel vom Ganzen

$\approx 20\ \%$; $\approx 70\ \%$; $\approx 60\ \%$; $\approx 70\ \%$

$\frac{6}{24}$	$\frac{27}{36}$	$\frac{70}{100}$	$\frac{4}{16}$	$\frac{4}{40}$
25 %	75 %	70 %	25 %	10 %

a) $\frac{10}{100} = \frac{1}{10}$; b) $\frac{60}{100} = \frac{3}{5}$; c) $\frac{25}{100} = \frac{1}{4}$

a) $\frac{13}{100} = 13\ \%$; b) $\frac{9}{100} = 9\ \%$; c) $\frac{1}{100} = 1\ \%$

DIE PFIFFIKUSAUFGABE
Immer ist die Summe 17.

2

a) ja / nein / ja
b) nein / ja / ja

Nein, denn:
Reiner: 70 %
Syndi: 75 %
Syndi war besser!

Robert: 75 %
Christian: 80 %
Grit: 70 %
Christin erzielte das beste Ergebnis.

35 % der Fahrzeuge waren zu schnell.

a) um 25 % länger
b) um 20 % kürzer

DIE PFIFFIKUS-AUFGABE

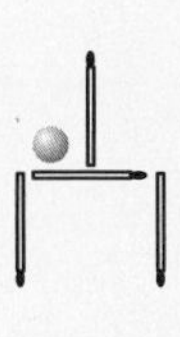

3

Kartoffeln: 760 g; Käse: 440 g; Rindfleisch: 720 g; Kernobst: 830 g; Roggenbrot: 410 g

a) $x = 180$; $y = 108$; $z = 150$
b) $x = 216$; $y = 72$; $z = 90$
c) $x = 2000$; $y = 10$; $z = 1$

1 %	von	120 g	Roggenbrot	1,20 g
41 %	von	15 g	Wurst	6,15 g
80 %	von	25 g	Butter	20,00 g
19 %	von	100 g	Rindfleisch	19,00 g
10 %	von	60 g	Ei	6,00 g
63 %	von	15 g	Walnuss	9,45 g
			Summe:	61,80 g

27,60 € Rabatt.
Zu zahlen sind 892,40 €.

DIE PFIFFIKUSAUFGABE

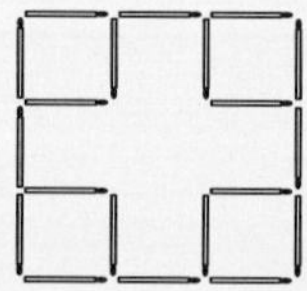

4

1 800 kg; 3 600 m; 350 €; 325 t; 287,50 l

315 €; 510 €; 1 020 €; 860 €

a) 880 €; b) 748 €

Aufgabe	G	p (in %)	W
A	24	**6,5**	1,56
B	312,50	4	**12,5**
C	**81**	70	56,70
D	**11,5**	32	3,68
E	11 000	**2,4**	264
F	**82**	30	24,6
G	200	0,7	**1,4**
H	207,5	8	**16,6**

1950

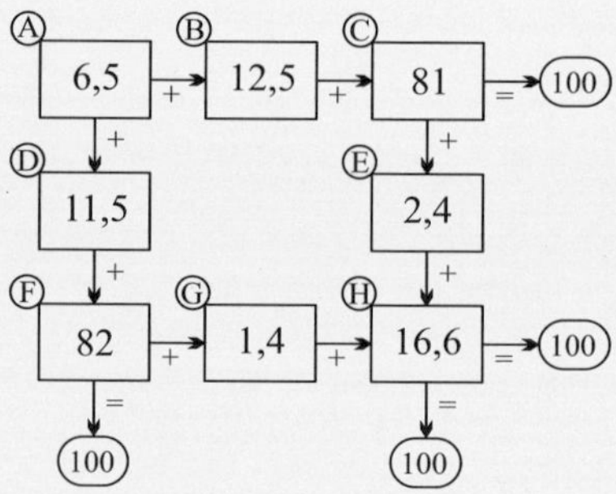

DIE PFIFFIKUSAUFGABE
Die Augensumme gegenüberliegender Würfelflächen ist immer gleich 7. Es sind in unserem Fall 7 · 7 = 49 Augen bei den unteren 7 Würfeln verdeckt. Hinzu kommt die beim obersten Würfel verdeckte Augenzahl 6. Also sind insgesamt 49 + 6 = 55 Augen verdeckt.

5

a) 15,8 kg

b) Schokolade: 20,89 %; Salz- und Käsegebäck: 5,70 %; Kartoffelchips: 5,06 %; Gummibonbons: 3,80 %; Kaugummi: 1,27 %

a) für Rony: 43 575

b) Linda: ≈ 15 %; Maik: ≈ 10 %; Donni: ≈ 20 %; Evi: ≈ 20 %

a) 4 274 400 ha

b) Stufe 1: 4 128 800 ha; Stufe 2: 1 768 000 ha; Stufe 3: 228 800 ha

a)

	Anzahl	Prozent
PKW	88	46,32
LKW	42	22,11
Kräder	39	20,53
Fahrräder	21	11,05
Summe:	190	

b)

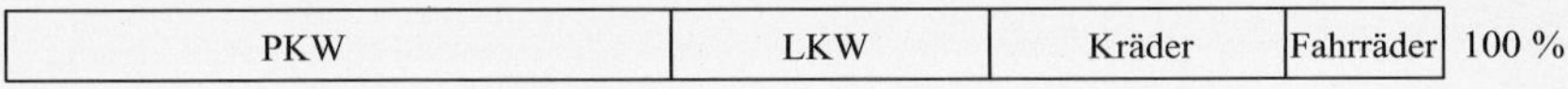

DIE PFIFFIKUSAUFGABE

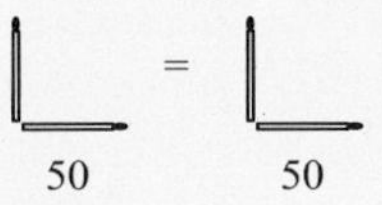

6

Grundwert ➔ Kapital; Prozentwert ➔ Zinsen; Prozentsatz ➔ Zinssatz

52,50 €; 70 €; 105 €; 140 €; 262,50 €
- Bei doppeltem Kapital sind die Zinsen doppelt so hoch.
- Bei fünffachem Kapital sind die Zinsen fünffach so hoch.

24 €; 48 €; 72 €; 96 €
- Bei doppeltem Zinssatz sind die Zinsen doppelt so hoch.
- Bei dreifachem Zinssatz sind die Zinsen dreifach so hoch.
- Bei vierfachem Zinssatz sind die Zinsen vierfach so hoch.

Frau Sparsam:
Zinsen: 670,63 €
Gesamtbetrag: 9 920,63 €

Herr Reich:
Zinsen: 648,00 €
Gesamtbetrag: 12 648,00 €

Frau Sparsam bekommt mehr Zinsen ausgezahlt.

a) Zinsen: 1 176,00 €
b) Gesamtkosten: 49 556,00 €

DIE PFIFFIKUSAUFGABE
Der Quader wiegt genau so viel wie 3 Würfel.

7

a) „Rabatt“ ist ein Preisnachlass.
b) „Skonto“ kann man gewähren bei sofortiger Barzahlung oder bei Zahlung innerhalb einer vorgegebenen Zeit.

Versicherungsbetrag (100 %)	Rabatt		zu zahlen ist
	in %	in €	
532 €	15	79,80	452,20 €
764 €	35	267,40	496,60 €
1056 €	55	580,80	475,20 €

1 Spüle	€	663,70
1 Leiste	€	49,60
3 Montagestunden	€	135,00
1 Dichtung	€	9,95
	€	858,25
Mehrwertsteuer	€	137,32
Rechnungsbetrag	€	995,57
2 % Skonto bei Barzahlung	€	19,91

Zu zahlen ist:

995,57	€
– 19,91	€
975,66	€

592 €: 2 % Skonto; 2 964 €: 3 % Skonto; 348 €: 2 % Skonto

$x = \frac{213{,}75 \cdot 100}{95}$ €; $x = 225$ € 225 € – 213,75 = 11,25 €

DIE PFIFFIKUSAUFGABE
Nach 29 Tagen ist die Hälfte des Sees bedeckt.

8

	Höhenverlust	Bodenstrecke	Gleitverhältnis
Segelflieger	1 m	40 m	$\frac{1}{40}$
Motorgleiter	24 m	720 m	$\frac{1}{30}$
Drachenflieger	5 m	60 m	$\frac{1}{12}$
Papiergleiter	60 m	140 m	$\frac{3}{7}$

a)

Höhe (m)	10	20	30	40	50	60
Bodenstrecke (m)	200	400	600	800	1 000	1 200

überflogene Strecke: 1 200 m

b) Gleitverhältnis: $\frac{1}{20}$

a)

a	3	5	6	2	7	12	8	4	11	9
x	21	35	42	14	49	84	56	28	77	63

b) Wenn *a* verdreifacht wird, dann verdreifacht sich auch *x*.

a) Dortmund – Erfurt: ≈ 5,1 cm → 255 km
b) Bremen – Halberstadt: ≈ 3,8 cm → 190 km
c) Salzwedel – Bremen: ≈ 3,2 cm → 160 km
d) Gotha – Hannover: ≈ 3,4 cm → 170 km

DIE PFIFFIKUSAUFGABE

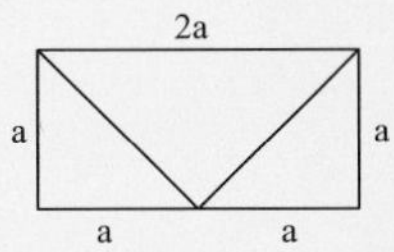

9

a) 2 l → 14,80 €
1 l → 14,80 € : 2 = 7,40 €
3,5 l → 7,40 € · 3,5 = 25,90 €
Herr Schnittich zahlt 25,90 € für das Motoröl.

b) 3 l → 33,90 €
1 l → 33,90 € : 3 = 11,30 €
4,3 l → 11,30 € · 4,3 = 48,59 €
Herr Sportlich zahlt 48,59 € für das Motoröl.

2 Tage: 24,8 l
1 Tag: 24,8 l : 2 = 12,4 l
7 Tage: 12,4 l · 7 = 86,8 l   Der Wasserverlust in einer Woche beträgt 86,8 l.

a) Größe II:
548 m^2 → 36 716 €
1 m^2 → 36 716 € : 548 m^2 = 67 €/m^2
895 m^2 → 67 €/m^2 · 895 m^2 = 59 965 €

b) Größe III: 67 €/m^2 · 1 054 m^2 = 70 618 €

a) nicht lösbar: Der Mensch wird nicht in jedem Jahr um die gleiche Länge größer. Deshalb kann man seine künftige Größe (Länge) nicht voraussagen. (Zwischen Alter und Größe besteht kein proportionaler Zusammenhang.)

b) lösbar: 8 Eier brauchen auch nur 5 Minuten zu kochen, um hart zu werden. (Zwischen Anzahl der Eier und Kochzeit besteht kein proportionaler Zusammenhang.)

c) nicht lösbar: Das Torverhältnis im Verlauf des Spieles kann sich beliebig verändern. (Zwischen Torverhältnis und Spielzeit besteht kein proportionaler Zusammenhang.)

DIE PFIFFIKUSAUFGABE
Alle Kerzen brennen gleich hell. Die Helligkeit der Kerze hängt nicht von ihrer Größe ab.

10

☆ a) falsch **b)** wahr **c)** falsch **d)** wahr **e)** wahr **f)** falsch

☆☆ Es gibt oftmals mehrere Zuordnungsmöglichkeiten.

Fahrstrecke	→	Preis / Verbrauch / Zeit
Gewicht	→	Alter / Körpergröße
Alter	→	Gewicht / Körpergröße
Körpergröße	→	Alter / Gewicht
Geschwindigkeit	→	Zeit / Verbrauch / Weg
Schüler	→	Zensur / Schule / Alter / Körpergröße / Klasse / Gewicht
Temperatur	→	Zeit

☆☆☆ a) Verbrauch → Fahrzeugart
oder:
Fahrzeugart → Verbrauch

b)

Fahrzeug	Verbrauch in l
PKW	8
Bus	10
LKW	12
Geländewagen	15
Rennwagen	22

☆☆☆☆ a)

Zeit (in min)	45	60	95	100	120	150	200	275	300	325
Preis (in €)	0,75	0,75	1,50	1,50	1,50	2,50	3,50	4,50	4,50	4,50

b) Preis → Zeit
oder:
Zeit → Preis

DIE PFIFFIKUS-AUFGABE

72	70	68	66		50		75	80	85	90
	60	36	12		48			85	87	89
96	50	4		23	46	69	92			88
	40		10	27	44		78	81	84	87
	30	18		31	42	53	64		72	
15	20	25	30	35	40	45	50	55	60	65
	10	32		39	38	37	36		48	

11

☆ a)

Menge (in l)	5	10	15	20	25
Preis (in €)	4,50	9,00	13,50	18,00	22,50

b)

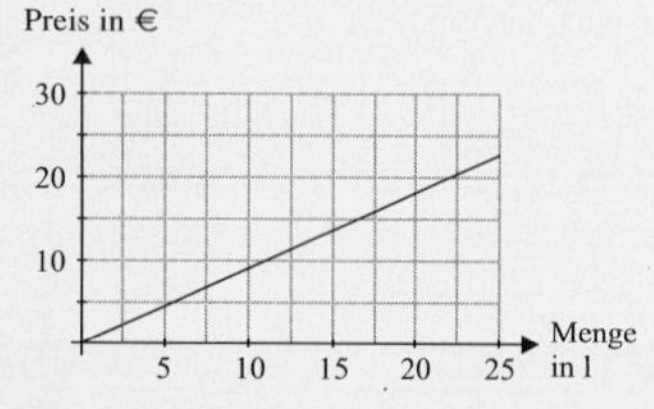

c) 12 l kosten 10,80 €.
18 l kosten 16,20 €.
Für 23 € bekommst du ca. 25,6 l.
Für 27 € bekommst du genau 30 l.

a) Temperatur → Zeitpunkt

Zeitpunkt		Körpertemperatur (in °C)
Mo	8 h	37,4
	20 h	38,0
Di	8 h	37,6
	20 h	38,8
Mi	8 h	38,4
	20 h	39,6
Do	8 h	38,6
	20 h	39,2
Fr	8 h	37,4
	20 h	38,0

a) $\overline{AH}$ = 50 km; 3 Std. und 50 min

b) 1. Pause: 9 Uhr Dauer: 30 min
2. Pause: 9.50 Uhr Dauer: 20 min
3. Pause: 11.10 Uhr Dauer: 20 min

c) Am langsamsten auf der Strecke $\overline{EF}$.
Der Anstieg von $\overline{EF}$ ist am geringsten.
Am schnellsten auf der Strecke $\overline{CD}$.
Der Anstieg von $\overline{CD}$ ist am größten.

d) $\overline{CD}$: 20 min; $\overline{GH}$: 20 min

DIE PFIFFIKUSAUFGABE
Gesundheit – Riese – Armut – Segen – Morgen – Übermut – Chor – Kern – Engel

G	R	A	S	M	Ü	C	K	E

12

a)

$v\left(\frac{km}{h}\right)$	5	10	20	30	40	0,5
t (h)	6	3	1,5	1	0,75	60

b) $v = 15\ \frac{km}{h}$

a)

a (cm)	b (cm)	A (cm^2)
2	15	30
3	10	30
5	6	30
6	5	30
10	3	30
15	2	30

b)

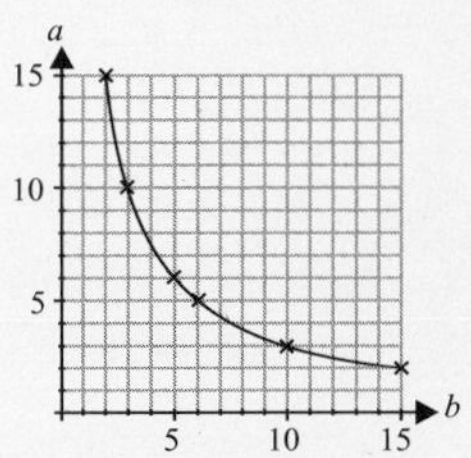

c) a = 4 cm; b = 7,5 cm;
A = 30 cm^2
a = 12 cm; b = 2,5 cm;
A = 30 cm^2

a) 20 Stunden **b)** Ja, nur ein Zufluss benötigt 60 Stunden.

DIE PFIFFIKUSAUFGABE

a) *ABGF, BCHG, CDIH, DEJI*
analog in den weiteren 3 Zeilen ➔ 16 Quadrate
ACMK, CEOM, KMWU, MOYW
FHRP, HJTR, BDNL, LNXV ➔ 8 Quadrate
ADSP, BETQ, FIXU, GJYV ➔ 4 Quadrate
AEYU, GISQ ➔ 2 Quadrate
30 Quadrate

b)

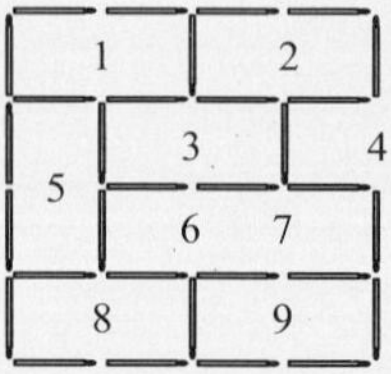

13

$20\frac{km}{h}$: 55 min; $1\frac{km}{h}$: $20 \cdot 55$ min = 1 100 min;

$28\frac{km}{h}$: $\frac{20 \cdot 55}{28}$ min = 39,29 min Es wird eine Fahrzeit von ca. 39 min benötigt.

450 l : 12,5 min $x = \frac{450 \cdot 12,5}{500}$ min = 11,25 min
500 l : x min
Die Löschzeit beträgt 11,25 min.

Cessna T 337	Airbus A 300	Concorde
14,85 Std.	6,6 Std.	≈2,58 Std.

DIE PFIFFIKUSAUFGABE
Es gibt 12 Wechselmöglichkeiten.

14

Nachttemperatur	Tageshöchsttemperatur	Temperaturänderung
– 3 °C	+ 9 °C	+ 12 Grad
– 15 °C	– 8 °C	+ 7 Grad
+ 2 °C	– 3 °C	– 5 Grad
0 °C	– 6 °C	– 6 Grad

a) +7 °C **b)** +4 °C **c)** +14 °C **d)** –4 °C **e)** –7 °C
f) –7 °C **g)** –12 °C **h)** –6 °C **i)** +4 °C **j)** +11 °C

a) $-15 + (-6) = -21$ b) $14 + (-5) = 9$ c) $12 + (-7) = 5$
d) $12 + (-12) = 0$ e) $-14 + (-15) = -29$ f) $29 + (-18) = 11$

1. Summand	2. Summand	Summe
510	–113	397
540	–730	–190
470	480	950
–340	–880	–1 220
–250	–920	–1 170

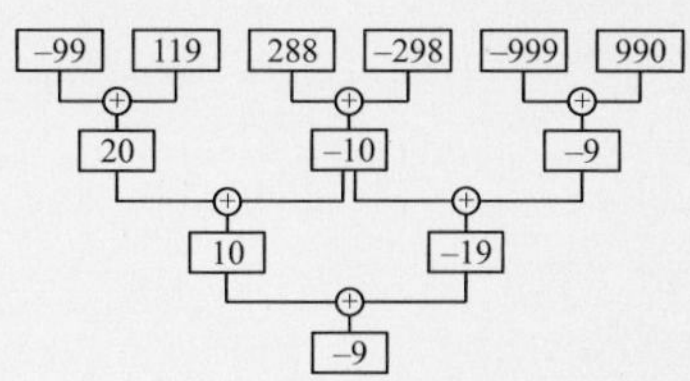

DIE PFIFFIKUSAUFGABE
Das ist der gesuchte Kopf:

15

x	y	$x + y$	$x - y$
0,1	–0,7	–0,6	0,8
–2,9	7,4	4,5	–10,3
–6,2	–3,8	–10	–2,4
5,7	–12,4	–6,7	18,1
7,8	–4,6	3,2	12,4
–10,3	14,7	4,4	–25
12,3	20,4	32,7	–8,1
–13,8	–9,3	–23,1	–4,5

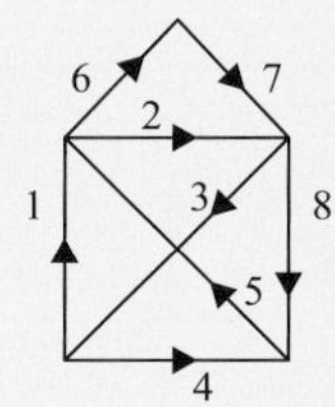

$+25 - 3 - 12 - 14 - 12 + 15 - 14 + 27 = \underline{\underline{12}}$
12 ist die Hausnummer.

a)

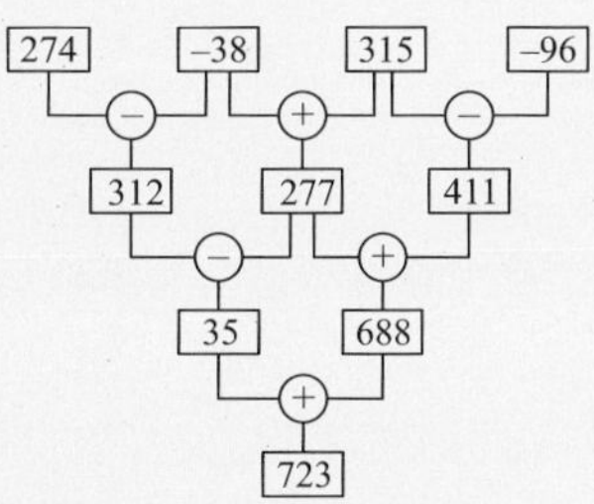

b)

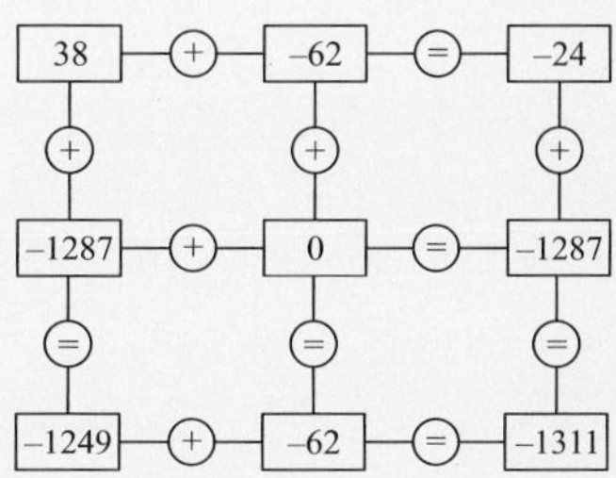

alter Kontostand	Konto-bewegung	neuer Kontostand
850,00 €	–250,00 €	
	–175,00 €	
	–405,00 €	20,00 €
–390,00 €	–179,00 €	
	+250,00 €	–319,00 €
725,00 €	–1 070,00 €	–345,00 €
–435,00 €	–85,00 €	
	+290,00 €	–230,00 €

a) $0{,}25 < 0{,}5$; $-1{,}75 > -2{,}25$; $-\frac{2}{5} = -0{,}4$

b) $\frac{1}{2} - \frac{1}{8} = \frac{3}{8}$; $\left(-\frac{7}{5}\right) - (-1{,}4) = 0$;

$\left(-\frac{3}{4}\right) - \left(-\frac{7}{4}\right) = 1$

c) $-7 < -0{,}9 < -\frac{3}{4} < -0{,}4 < 0{,}5 < \frac{3}{2} < 3 < \frac{12}{3}$

DIE PFIFFIKUSAUFGABE

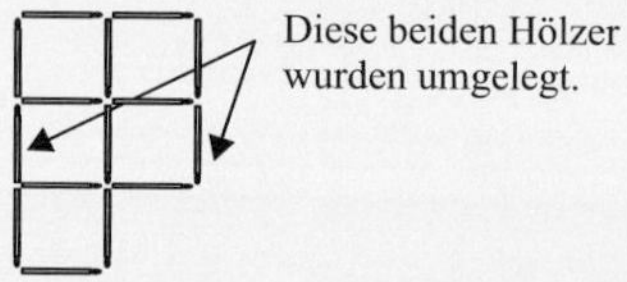

16

Zeilen: $-0{,}4 \cdot 0{,}5 \cdot (-5) = 1$
$12{,}5 \cdot 1 \cdot 0{,}08 = 1$
$-0{,}2 \cdot 2 \cdot (-2{,}5) = 1$

Spalten: $-0{,}4 \cdot 12{,}5 \cdot (-0{,}2) = 1$
$0{,}5 \cdot 1 \cdot 2 = 1$
$-5 \cdot 0{,}08 \cdot (-2{,}5) = 1$

Diagonalen:
$-0{,}2 \cdot 1 \cdot (-5) = 1$
$-0{,}4 \cdot 1 \cdot (-2{,}5) = 1$

–0,2	10	4
40	–2	0,1
1	0,4	–20

Zeilen:
$1 \cdot 0{,}4 \cdot (-20) = -8$
$40 \cdot (-2) \cdot 0{,}1 = -8$
$-0{,}2 \cdot 10 \cdot 4 = -8$

Spalten:
$-0{,}2 \cdot 40 \cdot 1 = -8$
$10 \cdot (-2) \cdot 0{,}4 = -8$
$4 \cdot 0{,}1 \cdot (-20) = -8$

Diagonalen: $-0{,}2 \cdot (-2) \cdot (-20) = -8$; $1 \cdot (-2) \cdot 4 = -8$

a)

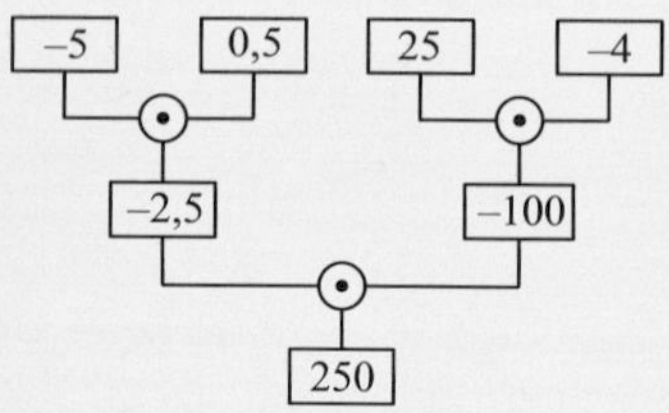

b)

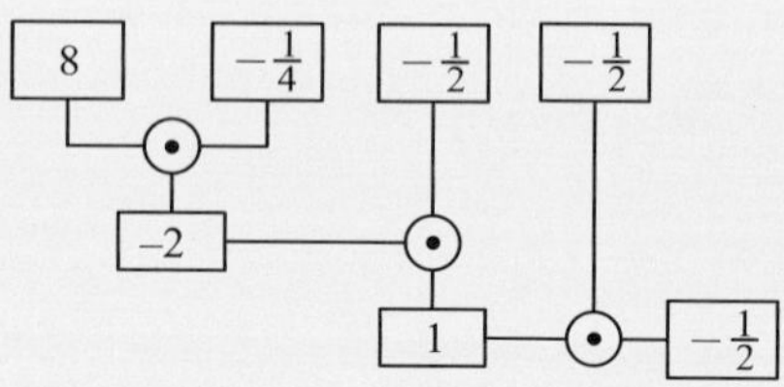

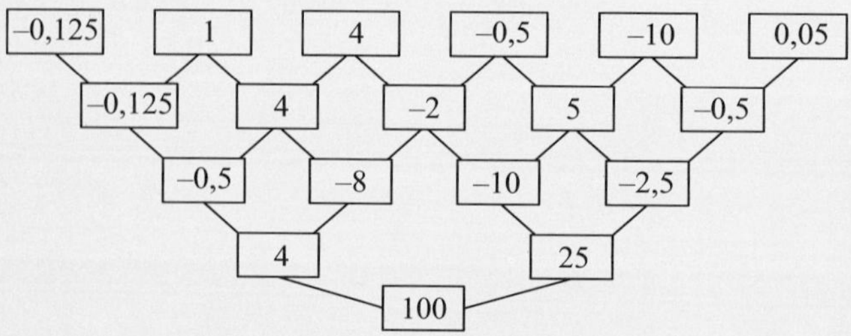

a) $-\frac{1}{2} \cdot 4 = -2$; $(-\frac{2}{5}) \cdot (-\frac{5}{8}) = \frac{1}{4}$; $(-\frac{25}{74}) \cdot (-3{,}7) = \frac{5}{4}$

b) $x = -4$; $x = -11$; $x = +6$; $x = +3$

c) $(-0{,}2) \cdot (-4{,}5) > 1{,}5 \cdot (-7)$; $\frac{3}{4} \cdot (-\frac{5}{2}) < (-\frac{3}{4}) \cdot \frac{3}{2}$

DIE PFIFFIKUSAUFGABE

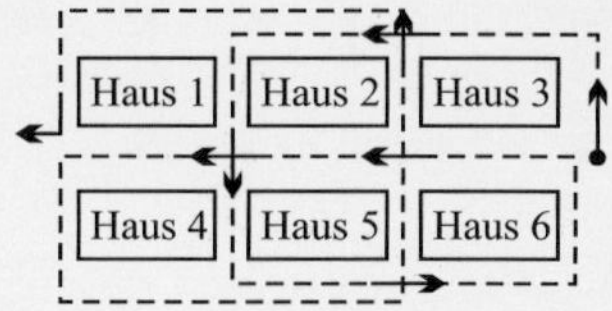

17

:	5	–15	9	–3
90	18	–6	10	–30
–45	–9	3	–5	15
135	27	–9	15	–45
–405	–81	27	–45	135
270	54	–18	30	–90
–945	–189	63	–105	315

100 : 31,25 = 3,2
100 : 1,6 = 62,5
100 : (–200) = –0,5
100 : 0,4 = 250
100 : (–0,8) = –125
100 : (–312,5) = –0,32
100 : (–12,5) = –8
100 : (–125) = –0,8
100 : 0,625 = 160

a)

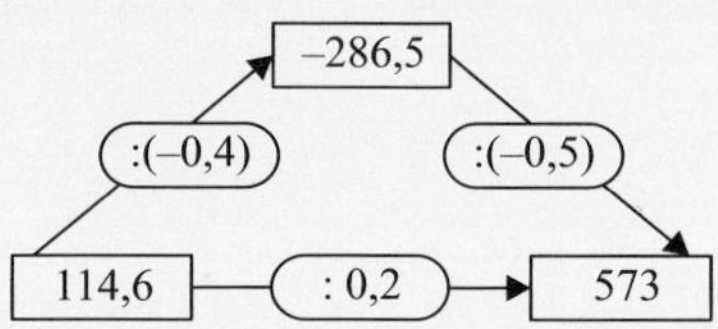

b)

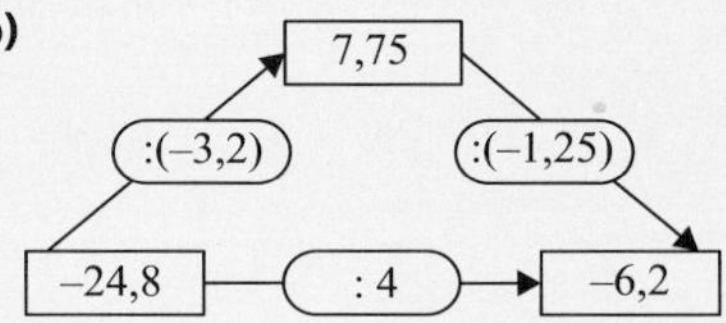

a)

2	5		1	1	0
0		1	4	4	
2	2	5		4	3
	0		1		0
1	0	0	0	0	0
	2		1		3

b) $(-2)^3$ ➔ negativ;
$(-6{,}4)^4$ ➔ positiv;
$(-1{,}02)^5$ ➔ negativ

c) –14,4 / 1 / –23,2

d) $6 \cdot (-0{,}8) \cdot 0{,}6 > -2{,}84$ (f);
$312 \cdot (-24) \cdot 12 > -100\,000$ (w);
$2\,300 : (-100) < -19$ (w);
$-\frac{3}{4} : (-\frac{3}{2}) < 0{,}25$ (f)

DIE PFIFFIKUSAUFGABE
Baue mit den 6 Hölzern eine dreiseitige Pyramide. Diese hat als Begrenzungsflächen insgesamt 4 gleichseitige Dreiecke.

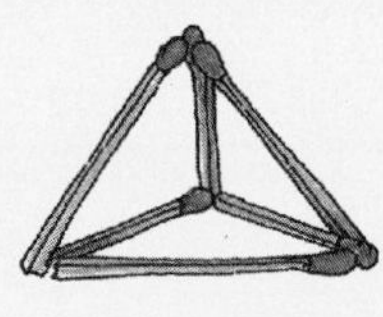

18

a) ja **b)** nein **c)** ja **d)** ja **e)** nein **f)** ja **g)** ja

a) $x = 68$; **b)** $y = 85$; **c)** $m = 111$; **d)** $c = 10$; **e)** $c = 202$; **f)** $c = -10$

$$\begin{aligned} 15k - 8 &= 97 && \mid +8 \\ 15k &= 105 && \mid :15 \end{aligned}$$

Probe: $63 - 8 + 28 \mid 97 - 14$
$83 = 83$

a) $u = 3$ **b)** $n = -2$ **c)** $g = 214$
d) $y = -74$ **e)** $x = -2$ **f)** $z = 1$

a) $L = \{0;1;2;3;4;5;6\}$ **b)** $0 \leq y < 40$ **c)** $L = \emptyset$ **d)** $L = \{0;1;2;3\}$

a)

x	$3 - 2 \cdot x = -5$	w/f
6	$3 - 2 \cdot 6 = -5$	f
4	$3 - 2 \cdot 4 = -5$	w
2	$3 - 2 \cdot 2 = -5$	f
0	$3 - 2 \cdot 0 = -5$	f
–2	$3 - 2 \cdot (-2) = -5$	f

b)

a	$25 \cdot a - 35 < 60$	w/f
–1	$25 \cdot (-1) - 35 < 60$	w
0	$25 \cdot 0 - 35 < 60$	w
2	$25 \cdot 2 - 35 < 60$	w
5	$25 \cdot 5 - 35 < 60$	f
9	$25 \cdot 9 - 35 < 60$	f

Lars´ Ergebnis ist richtig. Der Fehler von Nico liegt in der Division beider Seiten durch 4. Seine zweite Zeile muss richtig heißen: $x - 2 < 8$.

DIE PFIFFIKUSAUFGABE
In das letzte Feld gehört ein Dreieck, denn von links nach rechts nimmt die Anzahl der Ecken um je 1 ab.

19

$$\begin{aligned} 11 - (81 + 4a) &= 25a + (10 + 11a) \\ 11 - 81 - 4a &= 25a + 10 + 11a \\ -70 - 4a &= 36a + 10 \\ -40a &= 80 \\ a &= -2 \end{aligned}$$

$$\begin{aligned} 3(5b + 4) &= 3b \\ 15b + 12 &= 3b \\ 15b &= 3b - 12 \\ 12b &= -12 \\ b &= -1 \end{aligned}$$

Folgende 6 Gleichungen sind möglich. Die Reihenfolge spielt keine Rolle.

$$\begin{aligned} 50 - (2x + 10) &= (5 + 5x) \\ 50 - 2x - 10 &= 5 + 5x \\ 40 - 2x &= 5 + 5x \\ -7x &= -35 \\ x &= 5 \end{aligned}$$

$$\begin{aligned} (2x + 10) - 50 &= (5 + 5x) \\ 2x + 10 - 50 &= 5 + 5x \\ 2x - 40 &= 5 + 5x \\ -3x &= 45 \\ x &= -15 \end{aligned}$$

$$\begin{aligned} 50 - (5 + 5x) &= (2x + 10) \\ 50 - 5 - 5x &= 2x + 10 \\ 45 - 5x &= 2x + 10 \\ -7x &= -35 \\ x &= 5 \end{aligned}$$

$$\begin{aligned} (5 + 5x) - 50 &= (2x + 10) \\ x &= \frac{55}{3} \end{aligned}$$

$$\begin{aligned} (5 + 5x) - (2x + 10) &= 50 \\ x &= \frac{55}{3} \end{aligned}$$

$$\begin{aligned} (2x + 10) - (5 + 5x) &= 50 \\ x &= -15 \end{aligned}$$

a) falsch **b)** richtig **c)** falsch **d)** falsch

a) = **b)** ≠ **c)** = **d)** = **e)** ≠ **f)** ≠

$$\begin{aligned} 2a &= 3{,}5 + 2{,}5a && \mid -2{,}5a \\ -0{,}5a &= 3{,}5 && \mid : (-0{,}5) \\ a &= -7 \end{aligned}$$

DIE PFIFFIKUSAUFGABE
Juliane könnte das als einfache „Strichfolge" auffassen und daher vier senkrechte Striche zeichnen. Sie könnte diese Folge aber auch als Folge der römischen Zahlen sehen und deshalb als vierte Zahl die **IV** eintragen.

20

$x = 2$

a) $a = \frac{8}{11}$; **b)** $y = -\frac{12}{12}$ bzw. $y = -1$

a) $x = 40$ **b)** $x = 36$ **c)** $m = 0{,}91$

a) $a = -9$; **b)** $z = 12$

a) $c = \frac{3}{2}$ bzw. $c = 1{,}5$ **b)** $b = -1$ **c)** $z = 0{,}2$

DIE PFIFFIKUSAUFGABE
Der Buchstabe O beansprucht mit 42 Kästchen die meiste Fläche. (G = 40, E = 37)

21

Das Viereck (Rechteck) ist 25 m lang und 15 m breit.

Georg hat sich die Zahl 10 gedacht.

Das T-Shirt kostet 6,95 €, die Socken kosten 2,95 €.

a) Familie Fischer fuhr insgesamt 1 200 km.
b) Familie Fischer musste 90 l Benzin tanken.
c) Bei einem Preis von 0,85 € pro Liter benötigte sie 76,50 €.

Konrad ist 13 Jahre, seine Schwester Conny 9 Jahre alt.

22

Die Lösungen **a)** und **b)** sind falsch. Richtig ist: **a)** $x = 6{,}5$ und **b)** $x = -3$.

Die dritte Kante ist 4 cm lang.

Michaels Opa ist 67, der Vater ist 31 Jahre alt.

Die Karten der teuren Preisklasse kosten 5,50 €, die der billigeren Preisklasse 4 €.

$x = -37$; **a)** $y = -0{,}75$; **b)** $z = 3$

DIE PFIFFIKUSAUFGABE
a) 5 Punkte: 4 Möglichkeiten; 7 Punkte: 6 Möglichkeiten; 9 Punkte: 4 Möglichkeiten
b) Die Punktesumme 7 ist am wahrscheinlichsten.

23

Anzahl der:	a)	b)
kleinsten Dreiecke	4	7
aller Dreiecke	5	9

a) $A = 6\ \text{cm}^2$ **b)** $A = 12{,}25\ \text{cm}^2$

Winkel			Seitenbeziehungen: $> = <$			Dreiecksart nach	
α	β	c	$a \quad b$	$a \quad c$	$b \quad c$	Winkeln	Seiten
71°	66°	43°	$a > b$	$a > c$	$b > c$	spitzwinklig	unregelmäßig
60°	60°	60°	$a = b$	$a = c$	$b = c$	spitzwinklig	gleichseitig
45°	45°	90°	$a = b$	$a < c$	$b < c$	rechtwinklig	gleichschenklig
100°	30°	50°	$a > b$	$a > c$	$b < c$	stumpfwinklig	unregelmäßig

$A_1 = 27\ \text{cm}^2$; $A_2 = 40{,}5\ \text{cm}^2$; $A_3 = 18\ \text{cm}^2$; $A_4 = 67{,}5\ \text{cm}^2$; $A_5 = 58{,}5\ \text{cm}^2$; $A_6 = 85{,}5\ \text{cm}^2$

Die Dreiecke könnten zum Beispiel so aussehen. Es gibt weitere Lösungsmöglichkeiten.

a)

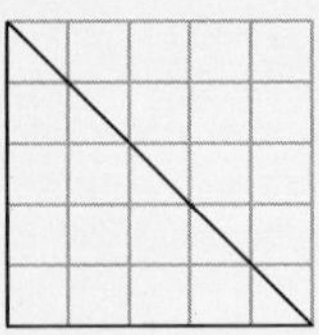

b)

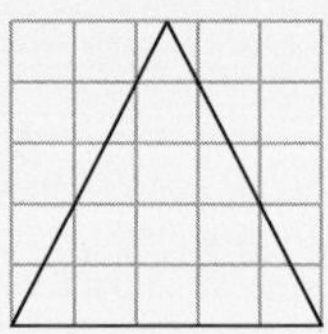

c)

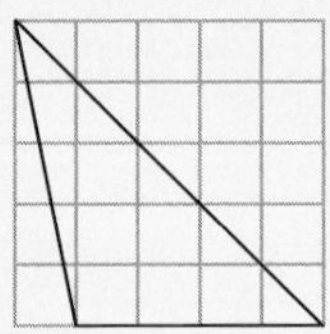

d)

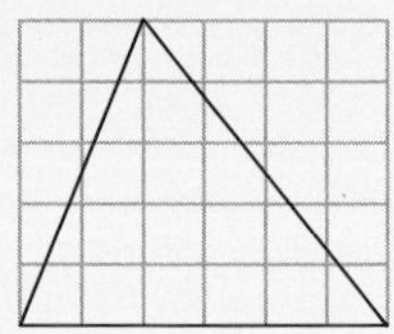

DIE PFIFFIKUSAUFGABE Vor drei Tagen hatte die Pflanze noch 8 Blätter.

24

Vierecke	Fünfecke
BCED *ABGM* *ADGM* *AFKM* *BCKM* *BCFD* *DFKG* ...	*IGEFK* *AEGIJ* *ACFEJ* *ABDEJ* *AECKM* *BCFEG* *ACKGJ* ...

a)
A: 3,4
B: 3
C: 3,4
D: 5
E: 3
F: 1, 2, 3, 4, 5, 6
G: 2, 3, 4

b)
A: 8 FE
B: 12 FE
C: 8 FE
D: 10 FE
E: 5 FE
F: 4 FE
G: 8 FE

	1	2	3	4	5	6	7
Flächeninhalt (in cm^2)	1,5	1,25	1,5	1,75	1,5	2	1,5
Umfang (in cm)	6	6	7	6	7	7	6

Man kann unter Verwendung beider Teile 2 Dreiecke und 4 Vierecke (einschl. des gegebenen Vierecks) legen.

DIE PFIFFIKUSAUFGABE
Die Symbole haben folgende Zahlenwerte:

17 391 270 10 100

25

a) m = 2,356 kg (A = 78,5 m²) **b)** 157 Stück (U = 31,42 m)

$A \approx 9{,}9$ cm²

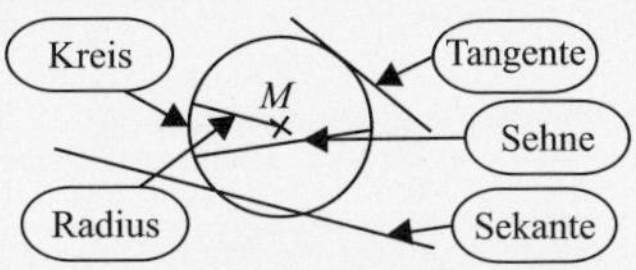

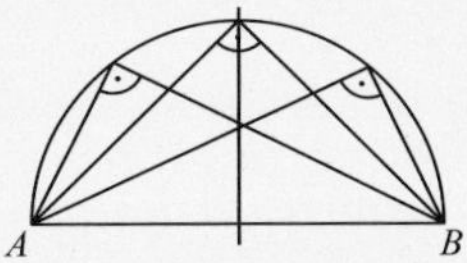

Alle Ergebnisse sind auf eine Stelle nach dem Komma gerundet.

Figur	A	B	C	D
Umfang (in cm)	13,9	16,7	12,9	14,3
Flächeninhalt (in cm²)	11,8	16,1	9,8	12,6

DIE PFIFFIKUSAUFGABE
$1 \cdot 2 + 3 \cdot 4 + 5 \cdot 6 + 7 \cdot 8 = 100$

26

Würfel	Quader	Pyramide	Zylinder	Kugel	Prisma
C; N	C; D; N	M	B; I; K	A	C; D; J; N

Name: Prisma (dreiseitig)
Oberfläche: A_O = 216 m²;
Volumen: V = 144 m³

a)

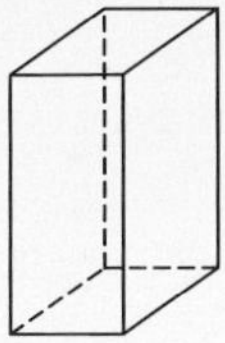

b)

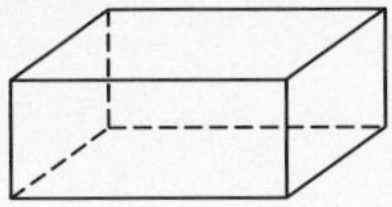

b) V = 33,12 l (33,12 dm³ ; 33 120 cm³)

DIE PFIFFIKUSAUFGABE

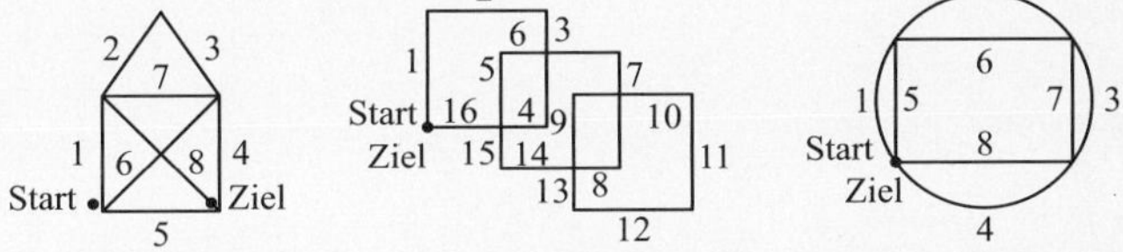

27

a) Es fehlen 12 cm³.
b) Die „Würfelplatte“ wäre 3 Würfel lang und 11 Würfel breit (oder umgekehrt). Oder man legt 33 Würfel nacheinander in *eine* Reihe.

a) $V = 5\ \text{cm} \cdot 4\ \text{cm} \cdot 3\ \text{cm}$ $\quad V = (5\ \text{cm} \cdot 4\ \text{cm} - 2 \cdot 1{,}5\ \text{cm} \cdot 2\ \text{cm}) \cdot 3\ \text{cm}$
$V = 60\ \text{cm}^3$ $\quad V = 42\ \text{cm}^3$

b) Das Volumen des roten Prismas ist rund 43 % größer als das des grünen Prismas.

c) Das Volumen des grünen Prismas ist 30 % kleiner als das des roten Prismas.

a) $d = 9{,}2$ cm; **b)** $d = 11{,}3$ cm; **c)** $d = 14{,}6$ cm

$V = 14{,}1\ \text{mm}^3$; $A_O = 28{,}3\ \text{mm}^2$

DIE PFIFFIKUSAUFGABE Um mit Sicherheit von einer Farbe drei Stück zu haben, muss Robert mindestens 7 Stifte herausnehmen.

28

Prismennetze sind die Figuren 2, 3 und 4.

Eigenschaften	T	P	Re	Q	Rho	D
mindestens 1 Paar Seiten parallel	x	x	x	x	x	
genau 2 Paar Seiten parallel		x	x	x	x	
mindestens 1 Paar Seiten gleich lang		x	x	x	x	x
genau 2 Paar Seiten gleich lang		x	x	x	x	x
Gegenseiten gleich lang		x	x	x	x	
alle Seiten gleich lang				x	x	
Nachbarseiten zueinander senkrecht			x	x		
Diagonalen gleich lang			x	x		
Diagonalen zueinander senkrecht				x	x	x
mindestens eine Symmetrieachse			x	x	x	x
mindestens zwei Symmetrieachsen			x	x	x	

a) $V = 1\,056\ \text{cm}^3$

b) $V = 864\ \text{cm}^3$

a) Es sind 25 Fuhren notwendig.

b) Die Bauarbeiter müssten 800-mal mit einer Schubkarre fahren.

DIE PFIFFIKUS-AUFGABE
Es entstehen folgende Zahlen: 123, 132, 213, 231, 312, 321. Ihre Summe beträgt 1 332.

29

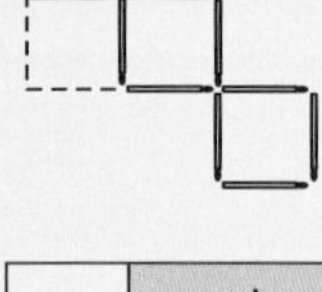

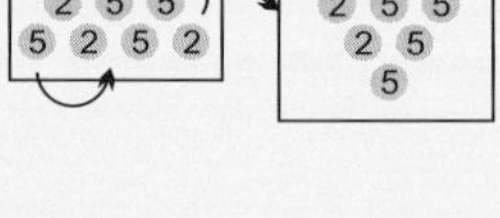

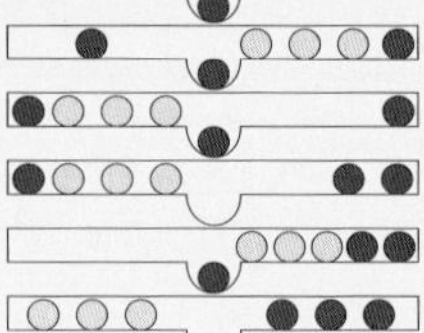

	gegebene Gleichung	Lösung
a)	III − II = IV	III + II = V
b)	VI + II = III	VI − III = III
c)	VII + I = V	VII − II = V

Zu **4a)**: Es geht auch II + II = IV.

DIE PFIFFIKUSAUFGABE
Indem man den Zehner liegen lässt und den Zweier oder den Fünfer auf die andere Seite legt.

Wenn man die Summanden kennt, dann kann man die Summe berechnen.

1. Summand	2. Summand	Summe
510	–113	
540	–730	
470	480	
–340	–880	
–250	–920	

Vervollständige das Rechengitter.

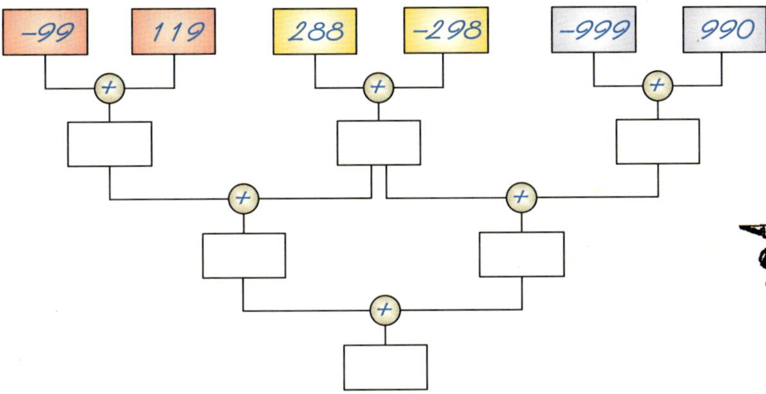

DIE PFIFFIKUSAUFGABE

Gesucht wird der fehlende Kopf. Wie muss er aussehen? Zeichne ihn auf.

15 Subtrahieren mit rationalen Zahlen

Das Datum von heute

____

Der Drucker hat nicht alle Zahlen ausgedruckt. Finde die fehlenden Zahlen und trage sie in die Tabelle ein.

Ausdruck: M207 – 4a			
x	y	$x + y$	$x - y$
0,1	-0,7		
-2,9		4,5	
	-3,8	-10	
	-12,4	-6,7	
7,8			12,4
-10,3			-25
	20,4		-8,1
	-9,3		-4,5

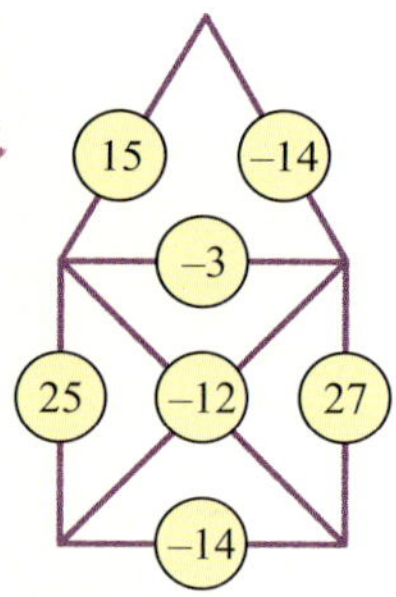

Beginne mit einer beliebigen Strecke und durchfahre ohne abzusetzen jede Strecke nur einmal. Wenn du auf deinem Weg alle Zahlen addierst, an denen du vorbeikommst, dann erhältst du die „Hausnummer“. Wie heißt sie?

Vervollständige die Rechengitter.

a)

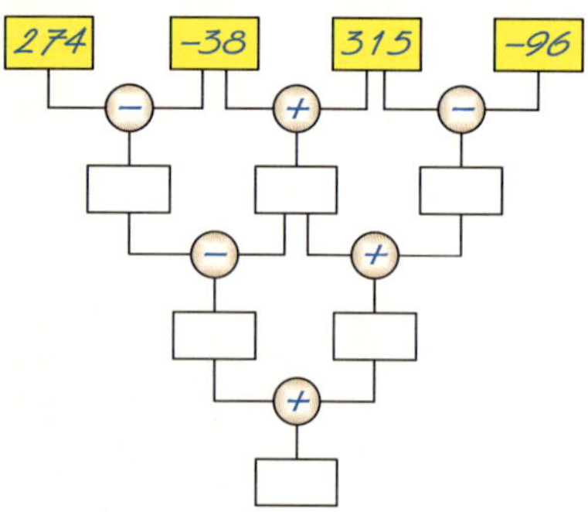

b)

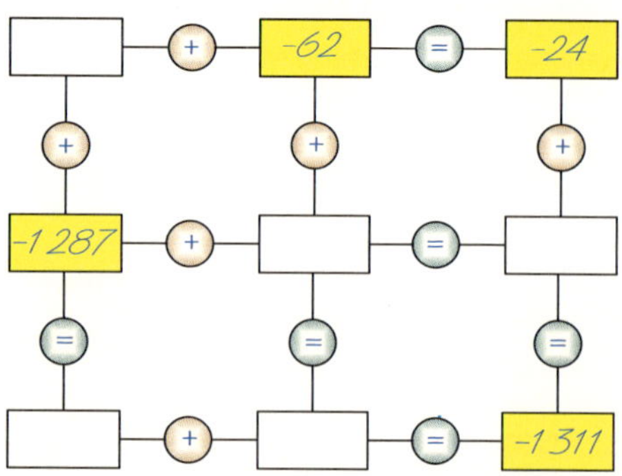

Ergänze die fehlenden €-Beträge.

alter Kontostand	Kontobewegung	neuer Kontostand
850,00 €	−250,00 € −175,00 € −405,00 €	€
−390,00 €	−179,00 € +250,00 €	€
725,00 €	€	−345,00 €
€	−85,00 € +290,00 €	−230,00 €

Bunte Mischung

a) Setze das richtige Zeichen: (<), (=) oder (>) !

0,25 ◯ 0,5; −1,75 ◯ −2,25; $-\frac{2}{5}$ ◯ −0,4

b) Berechne die Differenzen!

$\frac{1}{2} - \frac{1}{8} = \square$; $(-\frac{7}{5}) - (-1,4) = \square$; $(-\frac{3}{4}) - (-\frac{7}{4}) = \square$

c) Ordne der Größe nach. Beginne mit der kleinsten Zahl.

−7; −0,4; 3; $\frac{12}{3}$; −0,9; $-\frac{3}{4}$; 0,5; $\frac{3}{2}$

____ < ____ < ____ < ____ < ____ < ____ < ____ < ____ <

DIE PFIFFIKUSAUFGABE

„Streichholzknobelei"

Lege 2 Hölzer so um, dass du fünf gleich große Quadrate erhältst.

16 Multiplizieren mit rationalen Zahlen

Das Datum von heute

____

Magisches Quadrat – Ja oder Nein?
Wenn das Quadrat ein magisches Quadrat ist, dann müssen die Produkte jeder Spalte, jeder Zeile und jeder Diagonale gleich sein. Überprüfe, ob das so ist.

–0,4	0,5	–5
12,5	1	0,08
–0,2	2	–2,5

Zeilen: ___ · ___ · ___ = ___ Spalten: ___ · ___ · ___ = ___

___ · ___ · ___ = ___ ___ · ___ · ___ = ___

___ · ___ · ___ = ___ ___ · ___ · ___ = ___

Diagonalen: ___ · ___ · ___ = ___ ___ · ___ · ___ = ___

Ergänze zu einem magischen Quadrat. Beachte: Das lila Lösungskästchen muss immer die gleiche Zahl enthalten.

–0,2		
	–2	
	0,4	–20

Diagonalen:
–0,2 · (–2) · (–20) = ☐ ; ___ · (–2) · ___ = ☐

Zeilen:
___ · 0,4 · (–20) = ☐ ; ___ · (–2) · ___ = ☐ ; –0,2 · ___ · ___ = ☐

Spalten:
___ · (–2) · 0,4 = ☐ ; –0,2 · ___ · ___ = ☐ ; ___ · ___ · ___ = ☐

Vervollständige die Rechenketten.

a)
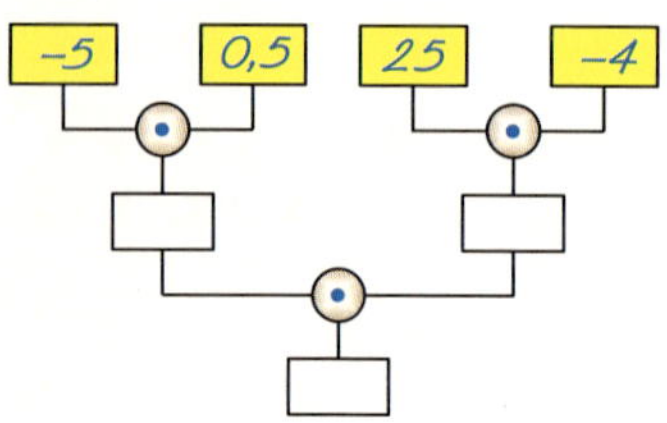

b)
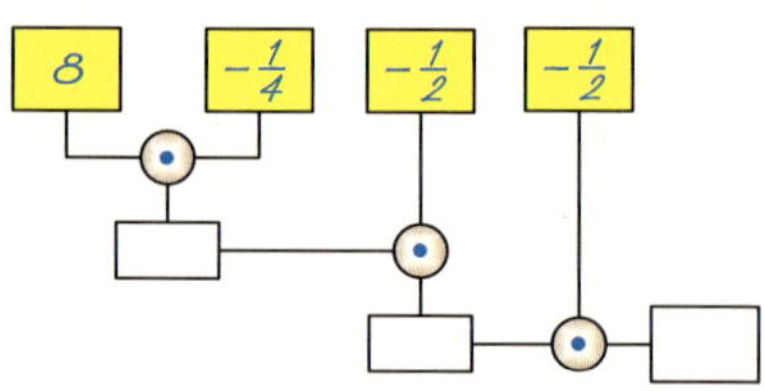

Finde die fehlenden Zahlen durch Multiplizieren.

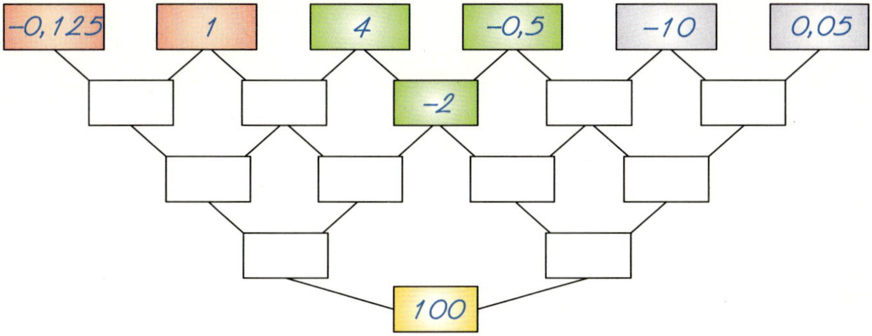

Gemischte Aufgaben

a) Berechne die Produkte!

$-\frac{1}{2} \cdot 4 = \square$; $\quad (-\frac{2}{5}) \cdot (-\frac{5}{8}) = \square$; $\quad (-\frac{25}{74}) \cdot (-3{,}7) = \square$

b) Ermittle die Zahl *x*!

$12 \cdot x = -48 \rightarrow x = \square$; $\quad 132 = (-12) \cdot x \rightarrow x = \square$

$(-\frac{1}{3}) \cdot x = -2 \rightarrow x = \square$; $\quad (-0{,}5) \cdot x = -\frac{3}{2} \rightarrow x = \square$

c) Setze das richtige Zeichen: (<), (=) oder (>)!

$(-0{,}2) \cdot (-4{,}5) \bigcirc 1{,}5 \cdot (-7)$; $\quad \frac{3}{4} \cdot (-\frac{5}{2}) \bigcirc (-\frac{3}{4}) \cdot \frac{3}{2}$

DIE PFIFFIKUSAUFGABE

Ein Wachmann muss bei seinem Kontrollgang jedes der sechs Häuser umlaufen. Finde den kürzesten Weg heraus. Zeichne deinen Wegvorschlag ein. Der Wachmann beginnt seinen Rundgang am Meldepunkt.

17 Dividieren mit rationalen Zahlen

Das Datum von heute

____

Vervollständige die Tabelle.

:	5	−15	9	−3
90				
−45			−5	
135				
−405		27		
270				
−945				

Das Rechenrad zeigt 9 Divisionsaufgaben an. Schreibe sie auf und löse sie.

______ : ______ = ______

______ : ______ = ______

______ : ______ = ______

______ : ______ = ______

______ : ______ = ______

______ : ______ = ______

______ : ______ = ______

______ : ______ = ______

______ : ______ = ______

Trage die Lösungen in das Rechenrad ein.

Ergänze die fehlenden Angaben.

a)

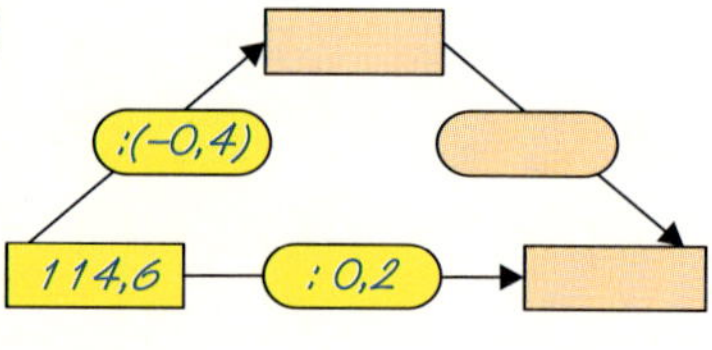

b)

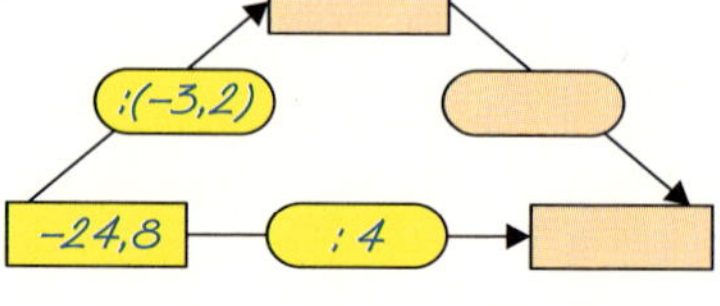

Aufgabenallerlei zu den vier Rechenarten.

a) Löse das Kreuzzahlrätsel.

1			2	3	
		4			
5	6			7	8
			9		
10					

waagerecht

1 $125 \cdot 0{,}2$
2 $(-1\,100) \cdot (-0{,}1)$
4 $2{,}88 : 0{,}02$
5 $(-56{,}25) \cdot (-4)$
7 $(-107{,}5) \cdot (-0{,}4)$
10 $(-250) : (-0{,}0025)$

senkrecht

1 $(-16{,}16) \cdot (-12{,}5)$
2 $17{,}5 \cdot 0{,}8$
3 $(-120) \cdot (-1{,}2)$
4 $(-55{,}5) : (-3{,}7)$
6 $(-200{,}2) : (-0{,}1)$
8 $30{,}03 : 0{,}01$
9 $(-75{,}75) : (-0{,}75)$

b) Entscheide. Ist die Potenz positiv (p) oder negativ (n)?

$(-2)^3$ ➔ ( ); $(-6{,}4)^4$ ➔ ( ); $(-1{,}02)^5$ ➔ ( )

c) Berechne!

$(-2)^2 \cdot (-3{,}6) =$ _____; $(-\frac{1}{2})^3 \cdot (-2)^3 =$ _____; $5{,}8 : (-0{,}25) =$ _____

d) Wahre (w) oder falsche (f) Aussage?

$6 \cdot (-0{,}8) \cdot 0{,}6 > -2{,}84$ ( ); $312 \cdot (-24) \cdot 12 > -100\,000$ ( )

$2\,300 : (-100) < -19$ ( ); $-\frac{3}{4} : (-\frac{3}{2}) < 0{,}25$ ( )

DIE PFIFFIKUSAUFGABE

Ordne die 6 Hölzer so an, dass insgesamt 4 gleichseitige Dreiecke entstehen. Es darf kein Holz geknickt werden.

18 Lösen einfacher Gleichungen und Ungleichungen

Das Datum von heute ____________

Welche der folgenden Ausdrücke sind Gleichungen oder Ungleichungen?
Unterstreiche die richtige Antwort „ja" oder „nein".

a) $714 + 35 = 749$ ja / nein
b) $5x - 17 + 27$ ja / nein
c) $u = 2a + 2b$ ja / nein
d) $101 = 1\,000 + 1$ ja / nein
e) $2 + (= 36y$ ja / nein
f) $17{,}6 < 17{,}7$ ja / nein
g) $3 \cdot 5 > 20 + 7$ ja / nein

Löse die Gleichungen.
a) $x + 6 = 74$
b) $y - 25 = 60$
c) $18 + m = 129$
d) $c + 96 = 106$
e) $c - 96 = 106$
f) $c + 106 = 96$

Löse die Gleichungen, führe die Probe aus und gib die Lösungsmenge an.
Vervollständige das Beispiel.

$9k - 8 + 4k$	=	$97 - 2k$	|	$+ 2k$
$9k - 8 + 4k + 2k$	=	97	|	zusammenfassen
____________	=	97	|	+ 8
$15k$	=	105	|	: ______
k	=	7		

Probe: linke Seite — rechte Seite
$9 \cdot 7 - 8 + 4 \cdot 7$ — $97 - 2 \cdot 7$
$63 - 8 + 28$ — ____________
$83 = 83$ (wahre Aussage)

Ergebnis (Lösungsmenge): $L = \{7\}$

a) $4u - 4 = 5 + u$
b) $2n + 7 = 1 - n$
c) $3g - 111 = 103 + 2g$
d) $2 - 7y = 446 - y$
e) $21x + 7 = 9x - 17$
f) $3 - 4z = 3z - 4$

Löse die Ungleichungen im Bereich der natürlichen Zahlen N und schreibe die Lösungsmengen auf.

Beispiel:

$$\begin{aligned} 3x + 7 &< 22 \quad &| -7 \\ 3x &< 15 \quad &| :3 \\ x &< 5 \end{aligned}$$

Lösungsmenge:

$L = \{x \in N: x < 5\}$ oder $L = \{0;1;2;3;4\}$ oder $0 \leq x < 5$

a) $2 > y - 5$ **b)** $100 - y > 60$ **c)** $4y + 50 < 42$ **d)** $y \cdot y < 10$

Vervollständige die Tabellen. Trage wahr „w" oder falsch „f" ein.

a)

x	$3 - 2 \cdot x = -5$	w/f
6	$3 - 2 \cdot 6 = -5$	f
4		
2		
0		
–2		

b)

a	$25 \cdot a - 35 < 60$	w/f
–1		
0		
2	$25 \cdot 2 - 35 < 60$	w
5		
9		

Lars und Nico haben die Ungleichung $4x - 8 < 32$ auf unterschiedliche Weise gelöst. Wessen Ergebnis ist richtig? Suche den Fehler.

Lars

$$\begin{aligned} 4x - 8 &< 32 \quad &| +8 \\ 4x &< 40 \quad &| :4 \\ x &< 10 \end{aligned}$$

Nico

$$\begin{aligned} 4x - 8 &< 32 \quad &| :4 \\ x - 8 &< 8 \quad &| +8 \\ x &< 16 \end{aligned}$$

DIE PFIFFIKUSAUFGABE

Welche Figur gehört deiner Meinung nach in das letzte Feld? Zeichne sie.

19 Gleichungen mit Klammern

Das Datum von heute ______________

An der Tafel stehen zwei Gleichungen. Vervollständige die Musterlösungen.

$11 - (81 + 4a)$	$=$	$25a + (10 + 11a)$	$3(5b + 4)$	$=$	$3b$
$11 - 81$ ______	$=$	______________	$15b +$ ______	$=$	$3b$
$-70 - 4a$	$=$	__________	______	$=$	_____
______	$=$	__________	______	$=$	_____
a	$=$	____	b	$=$	_____

In der Trommel befinden sich 3 Terme und das Subtraktionszeichen. Welche 6 Anordnungen zu Gleichungen sind möglich? Löse die Gleichungen.

1. $50 - (2x + 10) = (5 + 5x)$

   $50 - 2x - 10 =$ ________

   ________ $=$ ________ | ____

   ________ $=$ ________ | ____

2. $(2x + 10) - 50 = (5 + 5x)$

   $2x + 10 - 50 =$ ____________

   ____________ $=$ ____________

   ____________ $=$ ____________

3. ____________ $=$ ____________

   ____________ $=$ ____________

   ____________ $=$ ____________

   ____________ $=$ ____________

4. ____________ $=$ ____________

   ____________ $=$ ____________

   ____________ $=$ ____________

   ____________ $=$ ____________

5. ____________ $=$ ____________

   ____________ $=$ ____________

   ____________ $=$ ____________

   ____________ $=$ ____________

6. ____________ $=$ ____________

   ____________ $=$ ____________

   ____________ $=$ ____________

   ____________ $=$ ____________

Der Fehlerteufel war am Werk. Bei welchen Termen wurden die Klammern falsch aufgelöst?

	richtig	falsch
a) $-77 + (7 \cdot 2 + 14) = -77 - 7 \cdot 2 - 14$		
b) $-49 - (22 - 4 \cdot 7) = -49 - 22 + 4 \cdot 7$		
c) $(-45 + 15) - 6 \cdot (8 + 24) = -45 + 15 - 6 \cdot 8 - 24$		
d) $7 \cdot (21 - 14) - (56 - 23) = 7 \cdot 21 - 7 \cdot 14 - 56 - 23$		

Setze das richtige Zeichen (= oder ≠).

a) $x(4 + x)$ ◯ $(4 + x)x$

b) $x(4 - x)$ ◯ $x(x - 4)$

c) $x(4 + x)$ ◯ $x(x + 4)$

d) $x(-4 - x)$ ◯ $x(-x - 4)$

e) $x(-4 - x)$ ◯ $x(x - 4)$

f) $4(x - 4)$ ◯ $x(4 - x)$

Löse die Gleichung: Gehe so vor wie im Beispiel.

$3y + 7 = 4y + 5 \quad | -7$

$3y = 4y - 2 \quad | -4y$

$-y = -2 \quad | : (-1)$

$y = 2$

$2a - 0{,}5 = 3 + 2{,}5a \quad | + 0{,}5$

________ = ________

________ = ________

a = ______

DIE PFIFFIKUSAUFGABE

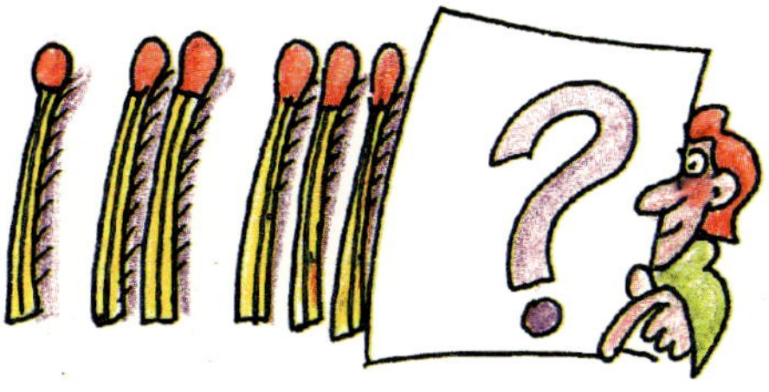

Mirco gibt Juliane ein Blatt mit gezeichneten Strichen und bittet sie, diese Folge fortzusetzen. Juliane fragt: „Kann ich auch zwei Lösungen eintragen?“ Mirco zuckt mit den Schultern und weiß nicht, was sie meint. Weißt du es?

20 Gleichungen mit Brüchen

Das Datum von heute ______

Vervollständige die Beispielaufgabe.

$$x + \frac{1}{2} = \frac{5}{2} \qquad | \; -\frac{1}{2}$$

$$x = \frac{\_\_}{2} - \frac{\_\_}{2} \qquad | \; \text{Zusammenfassen}$$

$$x = \frac{\_\_}{2} \qquad | \; \text{Kürzen}$$

$$x = \_\_\_\_$$

Die Brüche sind gleichnamig. Nur eine Umformung ist notwendig.

Löse die Gleichungen.

a)

$$a - \frac{3}{11} = \frac{5}{11} \qquad | \; + \_\_\_\_$$

$$a = \frac{\_\_}{11} + \frac{\_\_}{11} \qquad | \; \text{Zusammenfassen}$$

$$a = \_\_\_\_$$

Denke daran: Du brauchst nur einen Bruch zu addieren oder zu subtrahieren.

b)

$$\frac{5}{12} + y = -\frac{7}{12} \qquad | \; - \_\_\_\_$$

$$y = \_\_\_\_ - \_\_\_\_ \qquad | \; \text{Zusammenfassen}$$

$$y = -\_\_\_\_ \qquad | \; \text{Kürzen}$$

$$y = \_\_\_\_$$

Löse die Gleichungen durch Multiplikation.

a)

$$\frac{x}{8} = 5 \qquad | \; \cdot 8$$

$$\frac{x}{8} \cdot \_\_\_\_ = 5 \cdot \_\_\_\_ \qquad | \; \text{Vereinfachen}$$

$$x = \_\_\_\_$$

Die Division wird durch die Multiplikation mit dem Nenner bzw. mit dem Divisor rückgängig gemacht.

b) $x : 3 = 12$ **c)** $2{,}34 : 1{,}8 = m : 0{,}7$

Jetzt sind mehrere Nenner vorhanden.

a) $\frac{a}{3} + \frac{a}{9} = \frac{a}{2} + \frac{a}{6} + 2 \qquad | \cdot 18$

$\frac{a}{3} \cdot 18 + \frac{a}{9} \cdot 18 = \frac{a}{2} \cdot \_\_\_ + \frac{a}{6} \cdot \_\_\_ + 2 \cdot 18$

$6a + 2a = 9a + 3a + \_\_\_$

$\_\_\_\ a = \_\_\_\ a + \_\_\_$

$\_\_\_ = \_\_\_$

$a = \_\_\_$

b) $z + \frac{z}{2} + \frac{z}{3} + \frac{z}{4} = 25$

Du multiplizierst auf jeder Seite jeden Bruch mit dem Hauptnenner.

Löse die Gleichungen durch Division.

a) $6 \cdot c = 9 \qquad | :6$

$\frac{6 \cdot c}{6} = \frac{9}{6} \qquad |$ Kürzen

$c = \_\_\_$

b) $2{,}3b = -2{,}3$ **c)** $1{,}35 = 6{,}75z$

Durch die Division machst du die Multiplikation rückgängig.

DIE PFIFFIKUSAUFGABE

Welcher Buchstabe beansprucht die meiste Fläche? Zähle die Kästchen.

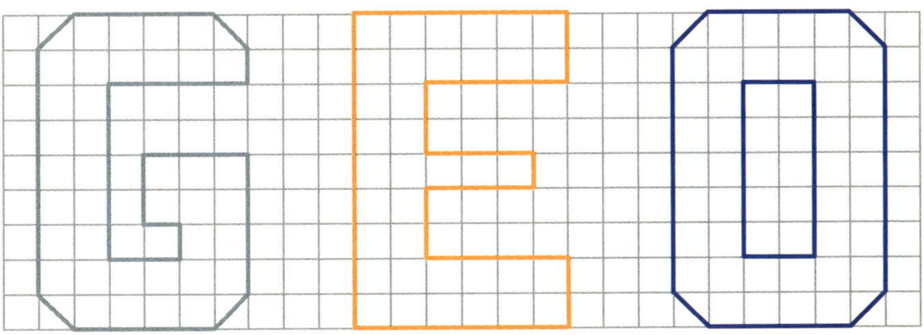

21 Textgleichungen

Das Datum von heute

Denke an die Schrittfolge:

1. Text genau durchlesen.
2. Zeichnung anfertigen (falls möglich).
3. Variable festlegen.
4. Terme bilden.
5. Gleichung aufstellen.
6. Gleichung lösen.
7. Ergebnis überprüfen.
8. Antworten.

Eine Baugrube wird mit 80 m Absperrband in Form eines Rechtecks gesichert. Welche Abmessungen hat das Viereck, wenn es 10 m länger als breit ist?

Georg sagt zu seinem Freund Max: „Ich denke mir eine Zahl und addiere zu ihr 3. Anschließend multipliziere ich das Ergebnis mit 5 und ziehe dann 10 wieder ab. Das Ergebnis lautet 55." Welche Zahl hat sich Georg gedacht?

Nadine kauft zum Sommerschlussverkauf ein Paar Socken und ein T-Shirt für zusammen 9,90 €. Die Socken sind 4 € billiger als das T-Shirt. Wie viel kosten die Socken und das T-Shirt einzeln?

Der PKW der Familie Fischer verbraucht im Durchschnitt 7,5 l Benzin für 100 km. In ihrem letzten Urlaub fuhr Frau Fischer 500 km und Herr Fischer 200 km mehr als seine Frau.

a) Wie viel Kilometer fuhr Familie Fischer insgesamt?

b) Wie viel Benzin musste Familie Fischer tanken?

c) Wie viel Geld brauchten sie für das Benzin, wenn ein Liter 0,85 € kostet?

Konrad und seine Schwester Conny sind zusammen 22 Jahre alt. Konrad ist 4 Jahre älter als seine Schwester. Wie alt sind die Geschwister?

Hier kannst du probieren:

Und hier löst du mit Hilfe einer Gleichung:

22 Gleichungsmix

Das Datum von heute

Welche Lösung ist falsch? Überprüfe, indem du jede Gleichung noch einmal auf deine Art löst.

a) $4x + 6 = 32 \quad | : 4$
$x + 6 = 8 \quad | -6$
$x = 2$

b) $8 - 2x = 14 \quad | -8$
$-2x = 6 \quad | : (-2)$
$x = 3$

c) $a : 7 = 36 : 9$
$a : 7 = 4 \quad | \cdot 7$
$a = 28$

Der Oberflächeninhalt einer quaderförmigen Schachtel beträgt 94 cm^2.
Von zwei Kanten sind die Längen bekannt: $a = 5$ cm und $b = 3$ cm.
Wie lang ist die dritte Kante?

$A_o = 2(ab + bc + ac)$

$94 = 2(5 \cdot 3 + 3 \cdot c + 5 \cdot c) \quad | :2$

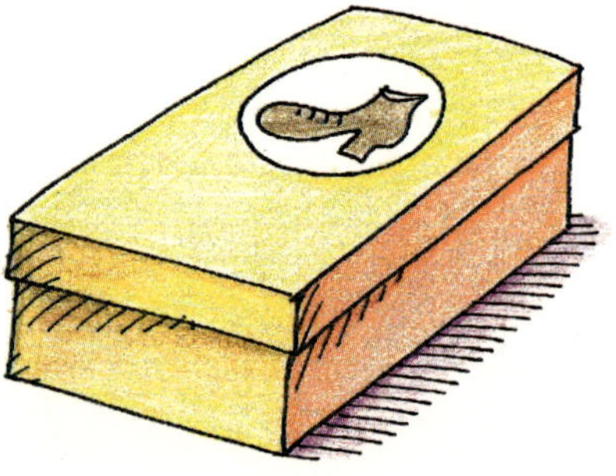

Michael hat das Alter von seinem Vater und seinem Opa zusammengezählt und 98 Jahre erhalten. Dabei ist der Opa 36 Jahre älter als Michaels Vater.
Wie alt sind Opa und Vater?

Die Spieler der Fußballmannschaft „SV Schwarz-Gelb“ gehen nach dem Training noch gemeinsam ins Kino. Sie bekommen jedoch nicht 11 Plätze nebeneinander, sondern nur noch 4 Karten in der teuren Preisklasse und 7 Karten in der um 1,50 € billigeren Preisklasse. Zusammen kosten die Karten genau 50 €. Wie teuer sind die Karten der beiden Preisklassen?

Hier kannst du rechnen:

Vervollständige die Lösungsschritte und löse dann beide Gleichungen!

$$\frac{2x}{3} - \frac{12}{7} = \frac{5x}{7} + \frac{1}{21} \qquad | \cdot 21$$

$$\frac{2x}{3} \cdot 21 - \frac{12}{7} \cdot \_\_\_\_ = \frac{5x}{7} \cdot 21 + \frac{1}{21} \cdot \_\_\_\_$$

$$14x - 36 = 15x + \_\_\_\_$$

$$-x = \_\_\_\_\_\_$$

$$x = \_\_\_\_$$

a) $\frac{1}{2} + \frac{1}{3}y = \frac{1}{4}$

b) $\frac{3z - 7}{8} = \frac{z}{4} - \frac{1}{2}$

DIE PFIFFIKUSAUFGABE

Du würfelst mit zwei Spielwürfeln und zählst die oben liegenden Punkte zusammen.

a) Wie viele Möglichkeiten gibt es, 5, 7 oder 9 Punkte zu erzielen?

b) Welche Punktesumme ist am wahrscheinlichsten?

23 Dreiecke

Das Datum von heute

____

Suche jeweils alle Dreiecke.
Wie viele sind es?

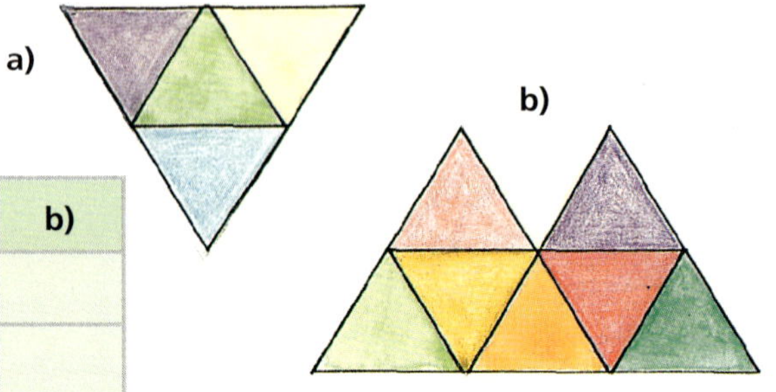

Anzahl der:	a)	b)
– kleinsten Dreiecke		
– aller Dreiecke		

Berechne die Flächeninhalte.

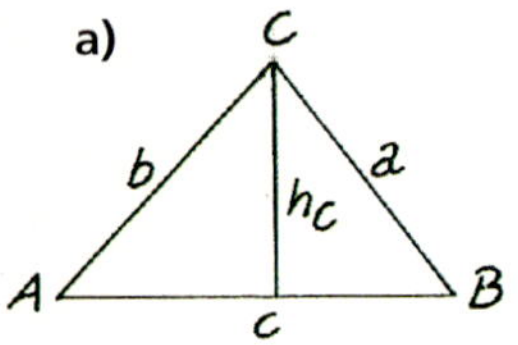

$c = 4$ cm
$h_c = 3$ cm
$A =$ ______ cm^2

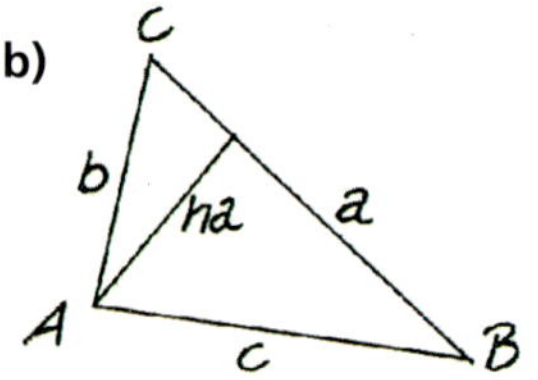

$h_a = 35$ mm
$a = 70$ mm
$A =$ ______ cm^2

Flächeninhalt eines Dreiecks:

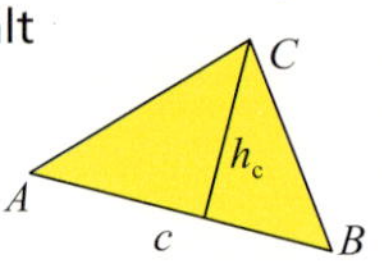

$$A = \frac{c \cdot h_c}{2}$$

Allgemein: Halbes Produkt aus Dreiecksseite und zugehöriger Höhe.

Vervollständige die Tabelle.

Winkel			Seitenbeziehungen: > = <			Dreiecksart nach	
α	β	γ	$a \quad b$	$a \quad c$	$b \quad c$	Winkeln	Seiten
71°	66°						
							gleichseitig
		90°	$a = b$				
100°		50°					

Berechne die Flächeninhalte der Dreiecke. Nimm an, dass ein Kästchen eine Seitenlänge von 1 cm hat. Trage deine Ergebnisse ein.

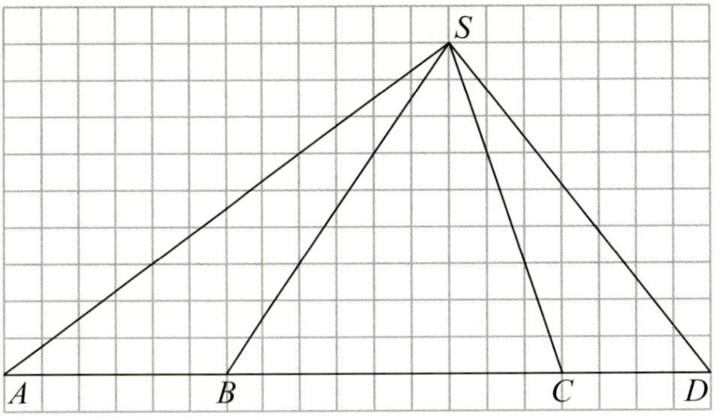

ΔABS: A_1 = ______

ΔBCS: A_2 = ______

ΔCDS: A_3 = ______

ΔACS: A_4 = ______

ΔBDS: A_5 = ______

ΔADS: A_6 = ______

Zeichne die folgenden Figuren in jeweils ein Raster ein:

a) ein gleichschenklig-rechtwinkliges Dreieck,
b) ein gleichschenkliges Dreieck,
c) ein stumpfwinkliges Dreieck, dessen Fläche 10 Kästchen beträgt,
d) ein 15 Kästchen großes beliebiges Dreieck.

a) **b)** **c)** **d)**

DIE PFIFFIKUSAUFGABE

Eine Pflanze ist von einem Virus befallen und verliert deshalb ihre Blätter. Man hat festgestellt, dass die Pflanze an jedem Tag die Hälfte der Blätter verlor, die sie am Vortag noch hatte. Heute hat sie nur noch ein Blatt. Vor wie viel Tagen hatte sie noch 8 Blätter?

24 Vierecke und Vielecke

Das Datum von heute ______________

Suche aus dem Bild 5 Vierecke und 5 Fünfecke heraus.
Gib diese Vielecke mit ihren Eckpunkten an und trage sie in die Tabelle ein.

Vierecke	Fünfecke
BCED	

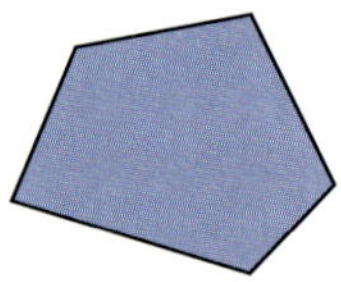

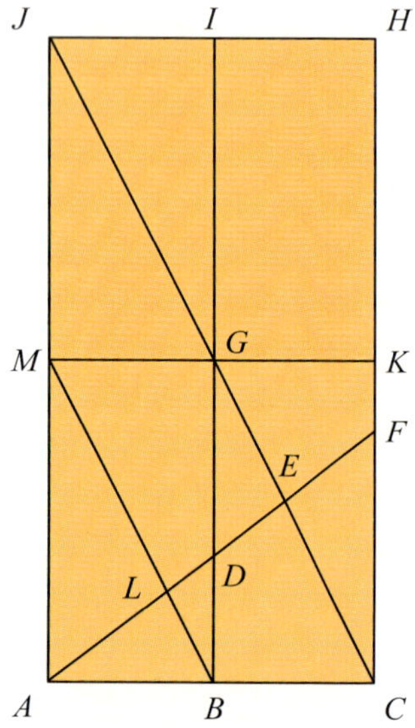

a) Gib für jedes Viereck alle möglichen Namen an. Trage die Zahlen ein.

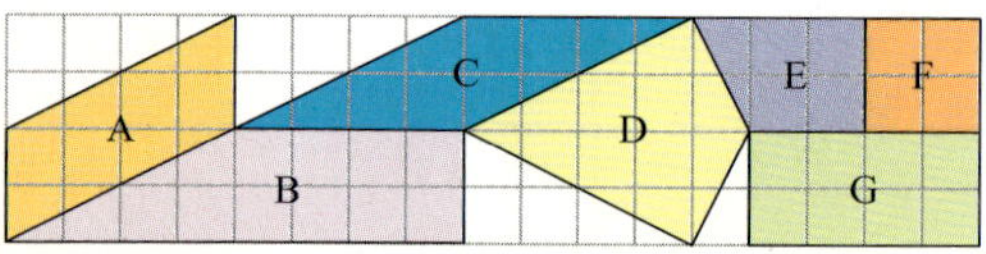

1 Quadrat 2 Rechteck 3 Trapez
4 Parallelogramm 5 Drachenviereck 6 Rhombus

A: 3;4 B: ______ C: ______

D: ______ E: ______ F: ______

G: ______

b) Gib den Flächeninhalt der Figuren A bis G in Flächeneinheiten (FE) an. (Eine Flächeneinheit ist ein Kästchen.)

A: ______ FE
B: ______ FE
C: ______ FE
D: ______ FE
E: ______ FE
F: ______ FE
G: ______ FE

a) Berechne den Flächeninhalt und den Umfang der Figuren 1 bis 7 und trage deine Ergebnisse in die Tabelle ein. (Zwei Kästchenlängen sollen 1 cm sein.)

	1	2	3	4	5	6	7
Flächeninhalt							
Umfang							

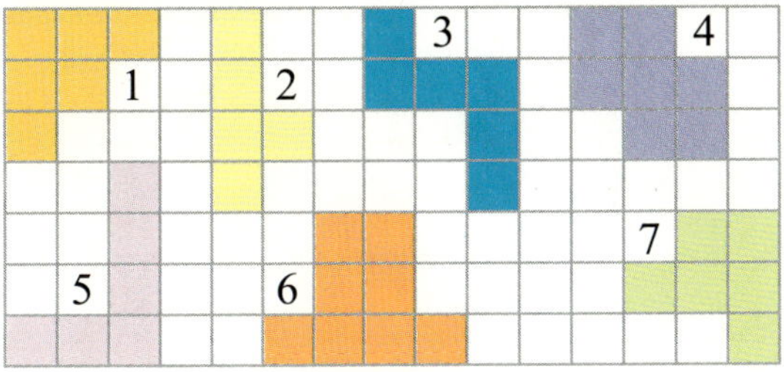

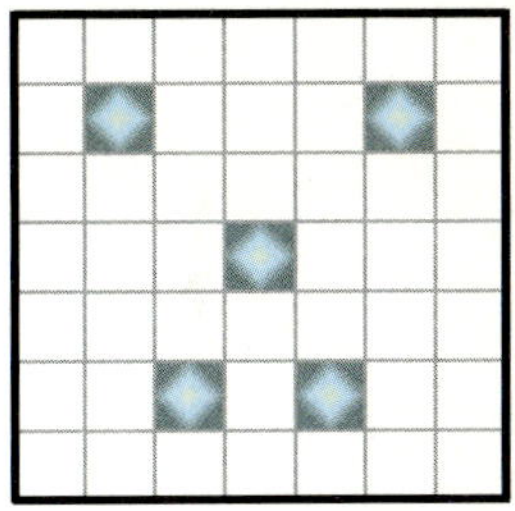

b) Übertrage die farbigen Figuren auf Kästchenpapier und schneide sie aus. Lege damit die weiße Fläche des dick umrandeten Quadrats aus.

Zeichne ein Rechteck, schneide es aus und zerschneide es entlang seiner Diagonalen. Wie viele unterschiedliche Dreiecke und Vierecke kannst du aus beiden Teilen legen?

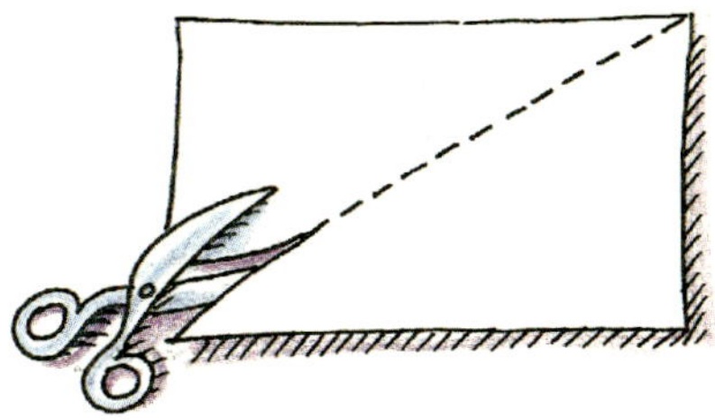

DIE PFIFFIKUSAUFGABE

Gleiche Symbole bedeuten gleiche Zahlen. Ergänze.

□ · □ = 289

□ · 23 = ◯

◯ – 121 = ▭

▭ : 27 = ○

○ · ○ = ____

25 Kreise

Das Datum von heute

____

In einem Park hat ein kreisförmiges Beet einen Radius von 5 m. Auf der Beetfläche soll Rasen wachsen, wofür pro Quadratmeter 30 g Grassamen benötigt werden. Außerdem sollen am Beetrand Sommerblumen im Abstand von 20 cm gepflanzt werden.

a) Wie viel kg Rasensamen werden benötigt? ______________

____

b) Wie viele Blumenpflanzen müssen die Landschaftsgestalter am Beetrand setzen? ______________

____

Trage die richtigen Begriffe ein.

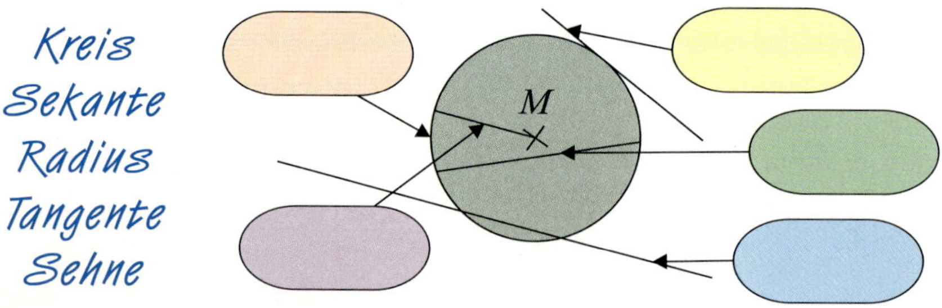

Wie groß ist die schraffierte Fläche? Schaffst du das? (Maßangaben in cm)

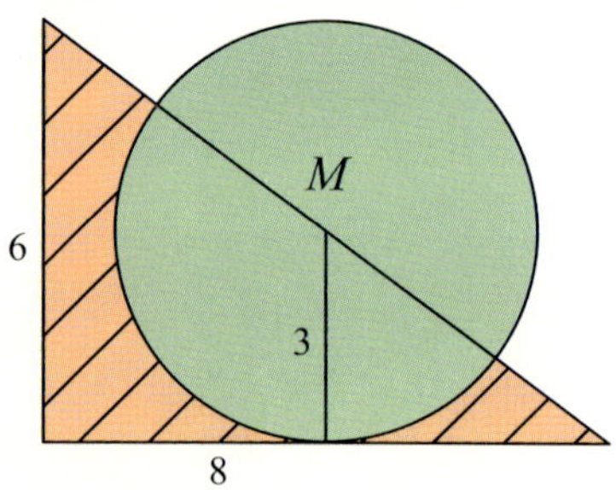

Konstruiere über die gegebene Strecke $\overline{AB}$ einen rechten Winkel. Schreibe hier deine Konstruktionsbeschreibung auf:

____

____

____

____

Berechne jeweils den Umfang und den Flächeninhalt der Figuren A bis D. (Alle Maße sollen in cm sein.)

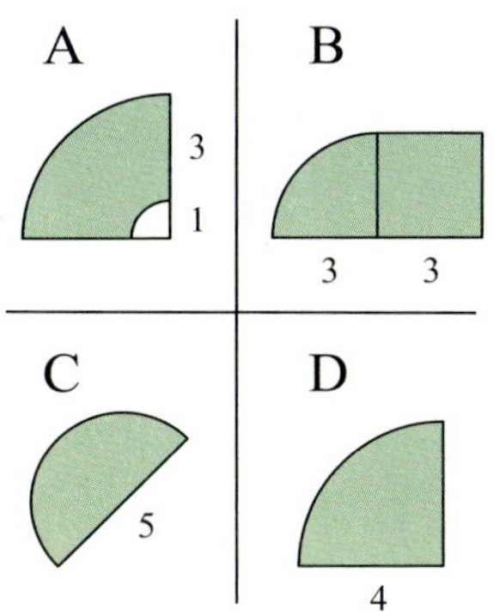

DIE PFIFFIKUSAUFGABE

Setze in die Kreise die Zeichen „+“ und „·“ so ein, dass du als Ergebnis 100 erhältst.

1 ○ 2 ○ 3 ○ 4 ○ 5 ○ 6 ○ 7 ○ 8 = 100

26 Körperdarstellungen

Das Datum von heute

____

Welche Körper sind Würfel, Quader, Pyramiden, Zylinder, Kugeln oder Prismen? Trage die richtigen Buchstaben in die Tabelle ein.

Würfel	Quader	Pyramide	Zylinder	Kugel	Prisma

In der Abbildung siehst du die perspektivische Darstellung eines Körpers. Wie heißt dieser Körper und wie groß sind seine Oberfläche und sein Volumen?

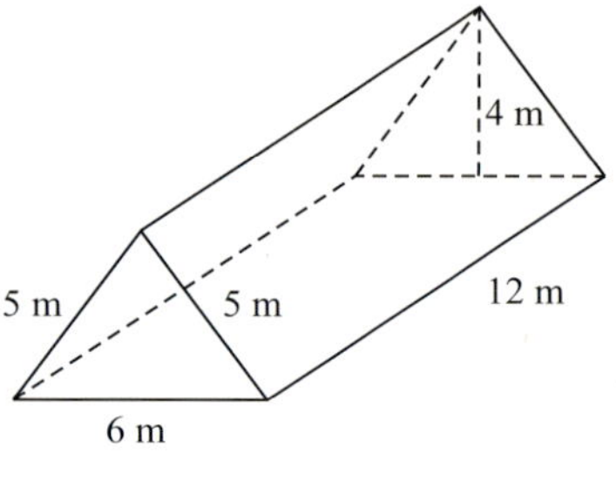

Name: ______________

Oberfläche: ______________

____

Volumen: ______________

____

Ein Quader soll perspektivisch dargestellt werden und dabei

a) auf seiner kleinsten Fläche und

b) auf seiner größten Fläche stehen.

Zeichne beide angefangenen Darstellungen weiter.

a)

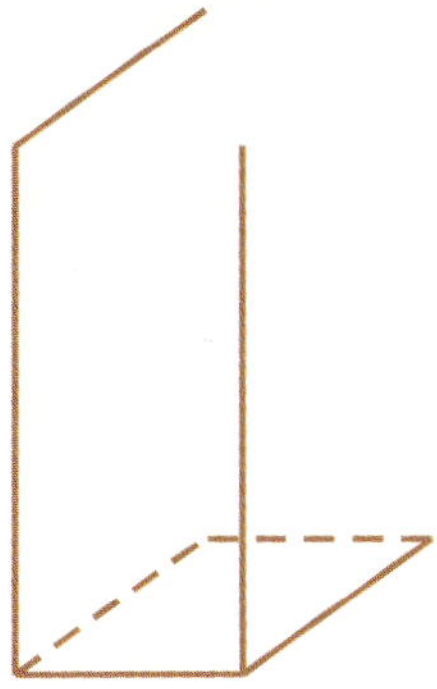

b)

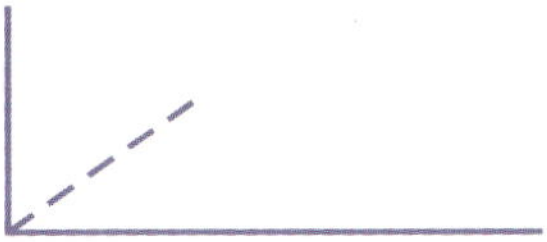

Eine Einkaufsklappkiste ist etwa 45 cm lang, 32 cm breit und 23 cm hoch (Innenmaße).

a) Zeichne die Einkaufskiste in perspektivischer Darstellung mit einem selbst gewählten Maßstab.

b) Gib das Fassungsvermögen der Klappkiste in Litern an.

DIE PFIFFIKUSAUFGABE

Zeichne diese Figuren in einem Zug, ohne den Stift vom Papier abzusetzen und ohne eine Linie zweimal zu zeichnen.

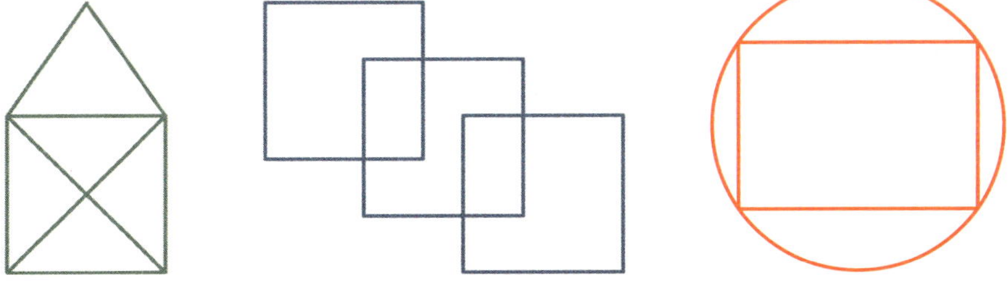

27 Körperberechnungen

Das Datum von heute ______________

In der nebenstehenden Abbildung soll ein Würfel 1 cm^3 sein.

a) Wie viel cm^3 fehlen in diesem Restkörper?
Es fehlen __________ cm^3.

b) Wie lang und wie breit wäre eine „Würfelplatte“, die genau so viele Würfel enthält wie dieser Restkörper?
Die „Würfelplatte“ wäre ______ Würfel lang und ______ Würfel breit.

Die Prismen in der Abbildung haben gleiche Höhen mit jeweils 3 cm (Tiefenrichtung), aber unterschiedliche Volumen.

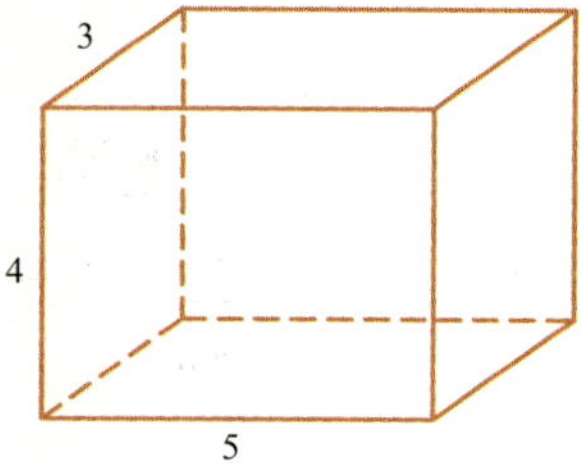

Alle Maße in cm.

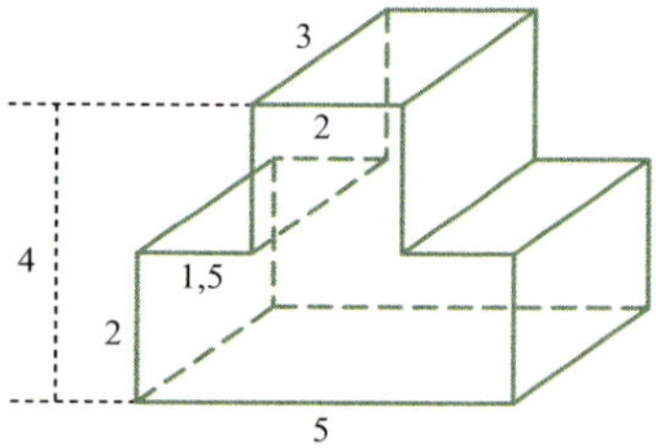

a) Berechne die Volumen beider Prismen. Vervollständige.

$V = 5 \text{ cm} \cdot 4 \text{ cm} \cdot$ ____ cm $V = (5 \text{ cm} \cdot 4 \text{ cm} - 2 \cdot 1{,}5 \text{ cm} \cdot 2 \text{ cm}) \cdot$ ____ cm

$V =$ ______ cm^3 $V =$ ______ cm^3

b) Wie viel Prozent ist das Volumen des roten Prismas größer als das des grünen Prismas?

c) Wie viel Prozent ist das Volumen des grünen Prismas kleiner als das des roten Prismas?

Eine Konservendose soll genau 1 Liter fassen. Wie groß muss ihr Durchmesser sein, wenn sie **a)** 15 cm, **b)** 10 cm und **c)** 6 cm hoch ist?

$V = \frac{\pi}{4} d^2 h$

$d = \sqrt{\frac{4V}{\pi h}}$

$h = \frac{4V}{\pi d^2}$

a) $h = 15$ cm **b)** $h = 10$ cm **c)** $h = 6$ cm

Eine Seifenblase von 10 cm Durchmesser ist aus einem Tropfen (Kugelform) mit 3 mm Durchmesser entstanden. Berechne Volumen und Oberflächeninhalt des Tropfens.

Volumen: $V =$ ______________________

$V =$ ______________________

$V =$ ______________________

Oberfläche: $A_o =$ ______________________

$A_o =$ ______________________

$A_o =$ ______________________

DIE PFIFFIKUSAUFGABE

In einer Schachtel liegen rote, blaue und grüne Faserstifte. Von jeder Farbe sind es gleich viele, zusammen 15. Wie viele Stifte muss Robert (ohne hinzusehen) mindestens herausnehmen, um mit Sicherheit von einer Farbe 3 Stück zu entnehmen?

28 Geomix

Das Datum von heute

Welche der folgenden Figuren sind Prismennetze?

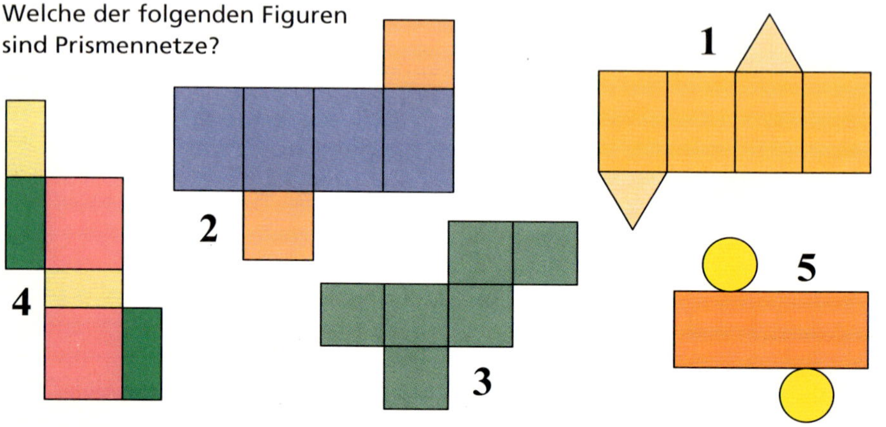

Kreuze in der Tabelle die zutreffenden Eigenschaften an.
(T ... Trapez, P ... Parallelogramm, Re ... Rechteck, Q ... Quadrat, Rho ... Rhombus, D ... Drachenviereck)

Eigenschaften	T	P	Re	Q	Rho	D
mindestens 1 Paar Seiten parallel						
genau 2 Paar Seiten parallel						
mindestens 1 Paar Seiten gleich lang						
genau 2 Paar Seiten gleich lang						
Gegenseiten gleich lang						
alle Seiten gleich lang						
Nachbarseiten zueinander senkrecht						
Diagonalen gleich lang						
Diagonalen zueinander senkrecht						
mindestens eine Symmetrieachse						
mindestens 2 Symmetrieachsen						

Aus einer rechteckigen Pappe soll eine oben offene Schachtel gefaltet werden. Dazu werden an den Ecken Quadrate gleicher Größe ausgeschnitten. Wie groß ist das Volumen der Schachtel, wenn Quadrate mit der Seitenlänge von 4 cm bzw. von 6 cm ausgeschnitten werden?

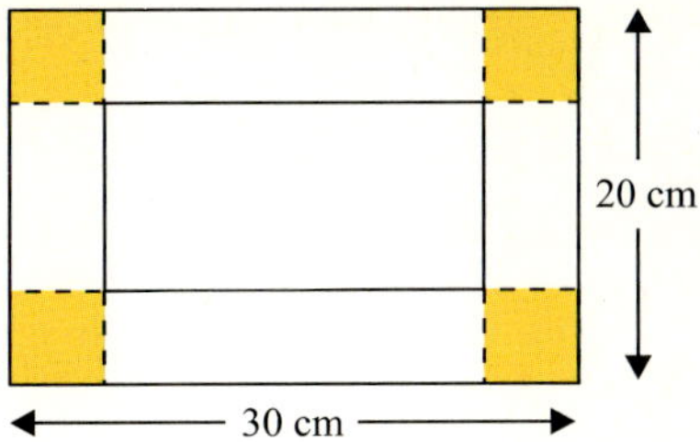

a) Seitenlänge 4 cm

b) Seitenlänge 6 cm

Für Fundament und Keller eines Eigenheimes wird eine Grube mit der Breite 8 m, der Länge 10 m und der Tiefe von 2,50 m ausgehoben.

a) Der Aushub wird von einem LKW mit einer Ladefähigkeit von 8 m^3 abtransportiert. Wie viel Fuhren sind nötig?

b) Wie oft müssten die Bauarbeiter mit einer Schubkarre fahren, die lediglich $\frac{1}{4}$ m^3 fasst?

DIE PFIFFIKUSAUFGABE

Bilde aus den Ziffern „1", „2" und „3" dreistellige Zahlen. Jede Ziffer soll dabei in jeder Zahl genau einmal vorkommen.
Wie groß ist die Summe aller so gebildeten Zahlen?

29 Mathematisches mit Stäbchen und Münzen

Das Datum von heute ______________

Aus diesen 5 Quadraten sollen 3 gleich große werden, ohne ein oder mehrere Hölzchen zu entfernen. Wie sieht die neue Figur aus?

Wie kann man diese „Pyramide" auf den Kopf stellen, indem man nur 3 Münzen bewegt?

Kannst du die 3 gelben und die 3 roten Münzen jeweils auf die andere Seite bringen, ohne sie übereinander hinwegzubewegen? Die Ausbuchtung kannst du als Ausweichposition für eine Münze nutzen. Wie viele Spielzüge brauchst du für den Wechsel?

In jeder der 3 Gleichungen aus Hölzchen ist nur ein Hölzchen so umzulegen, dass eine richtige Aufgabe entsteht.

	Gleichung	Platz für deine Lösung
a)	III – II = IV	
b)	VI + II = III	
c)	VII + I = V	

Überlege und probiere, wie du aus dieser Figur 6 Stäbchen so entfernen kannst, dass es „NEUN" ergibt.

DIE PFIFFIKUSAUFGABE

Wie kann man den Zehner aus der Mitte entfernen, ohne ihn zu berühren?